静恒／著

淡，是人生最深的滋味

中国华侨出版社

图书在版编目(CIP)数据

淡,是人生最深的滋味 / 静恒著.—北京：
中国华侨出版社,2014.7 （2021.4重印）

ISBN 978-7-5113-4726-8

Ⅰ.①淡… Ⅱ.①静… Ⅲ.①人生哲学–通俗读物
Ⅳ.①B821-49

中国版本图书馆 CIP 数据核字(2014)第116481 号

淡,是人生最深的滋味

著　　者 / 静　恒
责任编辑 / 严晓慧
责任校对 / 王京燕
经　　销 / 新华书店
开　　本 / 787 毫米×1092 毫米　1/16　印张/18　字数/250 千字
印　　刷 / 三河市嵩川印刷有限公司
版　　次 / 2014年9月第1版　2021年4月第2次印刷
书　　号 / ISBN 978-7-5113-4726-8
定　　价 / 48.00 元

中国华侨出版社　北京市朝阳区静安里 26 号通成达大厦 3 层　邮编:100028
法律顾问:陈鹰律师事务所
编辑部:(010)64443056　　64443979
发行部:(010)64443051　　传真:(010)64439708
网址:www.oveaschin.com
E-mail:oveaschin@sina.com

前言

人生，是一段旅程，每个人都在途中，每个人都在不知不觉路过着沿途的风景。有许多时候，生命若水，险滩处，惊涛骇浪；有许多时候，生命若梦，回首处，恍如隔世。

经年回眸，那些悄无声息的过往，也便演绎成静水深流的沧桑，点点滴滴，淌过灵魂，演绎生命的冷暖。此时，才蓦然发现，原来，淡，才是人生最深的滋味。

淡，是淡然，淡泊，淡定，更是淡雅。人生百味，唯有品味了，才能最终明白，酸甜苦辣，不过都是人生不可或缺的经历。然而，在人生的酸甜苦辣经历中，如果心淡了，你就会发现，人生的百味，原来都是幸福的滋味。

我们一直在找寻幸福，忙忙碌碌追寻了一生，却发现：所谓幸福，就在简单中，可聆听寂寞的天籁；就在自由里，可盛享安静的清凉；就在人生中，可独自品味淡雅。

做一个淡雅的人，寻常的日子里，徜徉在一本书里，在别人的故事里感动着自己。或者，剪一段春光静美，挽一束阳光明媚，文字里写意，淡淡的香茗一杯，静静地与时光对饮。朝看晨曦，暮浴夕阳，春来赏花，秋望水长。

日子就这样简洁明朗，日复一日、年复一年地如水流淌，一颗尘心，历练得越来越安宁，越来越单纯。不再抱怨，不再沾惹纤尘，只愿静静地细数着光阴，安之若素，重读岁月的温润。

烟雨红尘，守住一颗宁静的心，携一份淡然，悠然穿过烟火流年。时光越老，心越坦然，再也不去理会虚名浮利的诱惑，再也不去计较那些无所谓的飞短流长。任世事多纷乱，都与我无染，自有心灯一盏。

最后，我们就会明白：人生，是煮一壶月光，醉了欢喜，也醉了忧伤；人生，是磨难在枝头上被晾晒成了坚强。无论走过多少坎坷，有懂得的日子，便会有花，有蝶，有阳光。起风的日子，更应该坚强，剪一段过往，装点岁月；无怨无悔走过，才体味了人生最深的滋味。

时光静好，岁月妖娆，风雨人生，且歌且行。抛却一切杂念，于凡尘中静守一份淡雅，悠然前行。小酌浅唱，留一份美好温润心田，把盏言欢，让幸福快乐永驻心间！

愿你，能从容地品尝这人生最深的滋味。

目 录
CONTENTS

一剪时光明媚，一心从容如月 │ 第一章

披开生活的迷雾，让时光明媚，望窗外风景，看岁月又是满眼繁华。在光阴的荏苒下，学会从容淡然。在红尘纷扰中，守住清净；在细碎的光阴中，找寻幸福。

一帘弯月如钩，一心淡然如水 │ 第二章

为心灵寻一方清幽净地——爱山者可以靠山而憩，听空谷鸟啼，揽白云入梦；喜水者可以择水而居，或听海观涛，或湖中望月。抖落一肩的疲惫，忘记尘世的烦扰，享受心灵的宁静。

第三章 | 一段岁月妖娆，一心温暖安然

　　一个知己，一份感情，总会在生活的不经意间，带给我们一份欣然。这是无声的爱，山一样厚重，海一样深沉，牵挂于心间，无须多言，却倍感温暖！

一树花开艳丽，一心简单自由 ｜第四章

雨落湿人心，风过吹人醒，若生命是一幅水墨丹青，岁月带走的只是一笔留白。当生活的风再也吹皱不了心头的那池春水，才是真正的看淡。

一弯浅水喧哗，一心欣然自得 ｜第五章

若知足，则一念不生，若一念不生，则澄然静坐，云兴而悠然共逝。雨滴而冷然俱清，鸟啼而欣然神会，花落而潇然自得。如此，快乐可得。

第六章 | 一方山河锦绣，一心波澜不惊

　　我们一路走来，只是为了告别过往，欣赏沿途的风景。于喧嚣红尘中，固守自己心中的那一方山水田园。繁杂之中，留住本真，回归自然，修得静心。

第七章 | 一杯清茶幽香，一心温润美好

　　无论日子过得多么窘迫，都要从容地走下去，不辜负一世韶光。如果有来生，就做一棵树，站成永恒，没有悲伤的姿势，一半散落阴凉，一半沐浴阳光。

一程山高水阔，一心恬淡如风 | 第八章

安然端坐在岁月的一隅，静守一方心灵的净土，把所
谓的得失成败，全部埋葬在岁月的最深处。从此，任他明
月下西楼，心中也无风雨也无晴。

一朵幽兰怒放，一心寂寞芬芳 | 第九章

用一颗平常心，如看一朵花盛开，一朵云飘过，走过
这一程纵横的阡陌，把寂寞尘封在逝去的流年里；用一路
的微笑，还寂寞一片明媚。

第十章 | 一季绿肥红瘦，一心云淡风轻

无论经历怎样的风雨，总会找到属于自己的明媚风景，桃红柳新，相约春天；无论走过怎样的沉浮，总会有一条路，于峰回路转中，柳暗花明。

第一章
一剪时光明媚，一心从容如月

拨开生活的迷雾，让时光明媚，望窗外风景，看岁月又是满眼繁华。在光阴的荏苒下，学会从容淡然。在红尘纷扰中，守住清净；在细碎的光阴中，找寻幸福。

1. 静看花枯荣，淡视云卷舒

大自然的一切都遵循四季规律，对于树木来说，春天抽枝，夏天繁茂，秋日结果落叶，冬日休养生息以待来年，这种轮回型的一生一息是最合理、最自然，也是最好的生存方式。如果把树木花草放进暖棚，春冬不息地茂密着，恐怕树木花草也觉得疲惫，观者也觉得太过刻意。唯有自然的，才是最好的。

人生也是如此。人生的悲欢离合就像月亮的阴晴圆缺，非人力所能改变。生老病死伴随着一个人的生命，所有人都会为它们苦恼，所有人都逃不开它们的束缚，这就是生命的本质。一个懂得自然的人，幼时嬉戏，壮时立业，老来颐养天年，就是生命的最佳状态。唯有这种自然，才能让身心达到和谐，领略每个年龄段的乐趣，这样的生命才能称为享受。

　　与人相处也应自然，人与人之间有冥冥中的缘分，否则如何解释茫茫人海你遇到的是这一个、这一些？当缘分来了，千山万水也躲不掉；缘分去了，一街之隔也会老死不相往来。在拥有的时候珍惜，在远去的时候珍重，领会这种自然，不强求改变，就是豁达。豁达的人不强求，他们知道万物的缘起，也知道生命的归宿，比起无尽的宇宙，人的存在太过渺小，如沧海一粟。世界上的一切都应顺其自然，每个人也要效法自然，这样才能心气平和。

　　一天，母亲给儿子一个碗，吩咐他去山那边的集市买一碗油。儿子装了满满一碗，小心翼翼地往家里端，可惜他越是小心，越是容易出错。在村口，他被脚下的石头绊了一跤，不但油洒了，碗也摔碎了。

　　孩子被母亲骂了一顿，母亲又给他一个碗说："再去打一碗，这一次别再打碎了！"孩子刚要走，母亲又说："打半碗就行，回来的时候不用太小心，该玩就玩，该说话就说话。"

　　孩子按照母亲的吩咐打了半碗油。回来的时候，他像往常一样左看看右看看，没有留意手中的碗。这一次，他平平安安回到家。母亲说："越是过分在意，越容易出错，保持平常状态，才是最好的状态。"

暖心小语

繁则任其繁，枯则任其枯，万事随缘，顺其自然。

　　一碗油洒了出去，就算再可惜、再抱怨也不能让它回来，与其白白生气，不如下次更加小心，用更好的方法；凡事太过小心翼翼，难免因为太过精细产生疏漏，只有保持最平常的状态，错误才能最少。所以要保持一份轻松平和的心态，这就是顺其自然。

为人处世也应顺其自然。一时有了不如意，不必垂头丧气，因为人生都有低谷，耐得住就能走到高潮；一时遭人怨恨，也不必非要解释，日久见人心，他总会知道你的真诚。有些人的一生都在追求不属于自己的东西，直到老死才明白什么也不属于自己，能够掌握的只有生命本身。可那些与年龄、感情、兴趣有关的欢乐早已被他抛弃，再想追回已是无能为力，徒留感叹和悔恨，倒不如一开始就知道什么最重要，在该珍惜的时候珍惜，好过日后后悔。

命里有时终须有，命里无时莫强求。自然的法则残酷却真实，你愿意接受它，它不会亏待你，你总是违逆它，是在为难自己。人如果能够顺其自然地生活，就不会在意那些终将成为过眼烟云的东西；若是想得开，看得透，就会知道与人争斗只会白白惹来烦恼。豁达的人不会为虚名所累，他们总能在纷扰的世事中享受属于自己的那一份感悟，自得其乐。

2. 取舍间，得失随缘

有一天，楚王外出打猎，在打猎回来的路上他不慎丢失了自己的弓。这张弓十分珍贵，有大臣马上派人去找。楚王听了却说："不必去找，我们回宫吧。"

"可是，那是一张珍贵的弓。"大臣提醒。

"那又怎么样？弓丢了，总会有人捡到，无论捡到的人是谁，不都是我们楚国人？这张弓仍然是楚国的财富，何必再浪费气力去寻找？"

孔子听到这件事后说："楚王的心还是不够大，既然想到丢掉的弓会被人拾到，为什么还要计较是不是楚国人呢？"

失去了弓不去找回，认为捡到的人都是楚人，弓仍旧是楚国的财产。故事中的楚王可算是一位豁达之人。而孔子的理论则更进一步，他认为楚王还是太小家子气，明明已经决定不再找那张弓，却还是在乎捡到的人是不是楚国人。比起斤斤计较的人，楚王大度，但在真正豁达的人眼中，楚王仍然患得患失。

患得患失，形容一个人对得失看得太重，不是担心得不到，就是担心失去手中的东西。患得患失的人没有一份健全的心态，他们的意念始终在得失之间不断摇摆，没有片刻安静。患得患失的人也很难真正开心，当他没有拥有什么的时候，他整天被欲念缠扰，总是想得到；等他真正得到了，他又开始担心到手的东西被人抢走，寸步不离地看管。不论失去还是得到，他们都没有安全感，所以他们的生活非常疲惫。

像孔子一样认为丢了东西是被人捡到，根本不需可惜的人，是圣人。圣人的境界我们很难达到，但我们可以做一个豁达的人。豁达的人并不是没有喜怒哀乐，得到的时候，他们也会得意；失去的时候，他们也会难过。不同的是，得不到的时候他们不会觉得生不如死，失去的时候他们也不会从此一蹶不振。他们不会让负面思维长久地陪伴自己，这就是看得开。

20 世纪，美国的阿波罗号实现了人类第一次登月。当时，阿波罗号上有两位宇航员，一位是阿姆斯特朗，一位是奥尔德林。阿姆斯特朗首先登上了

月球，他那句"我的一小步，人类的一大步"成
为世界名言，与他的名字一起载入史册。

曾有记者问奥尔德林："如果您当时第一个
走下阿波罗号，就会成为登上月球的第一人，您
有没有觉得遗憾？"

奥尔德林却很达观地说："有什么遗憾？要
知道，从月球回来，是我第一个走下太空舱，我是从外星球回到地球的第
一人！"

阿姆斯特朗的名字早已与阿波罗号一起为我们所熟知，谁又记得同在一
条飞船上的奥尔德林？而奥尔德林却早已看开了这件事：被人众口传诵是一
种荣誉，参与了人类第一次登月也是一种荣誉，既然做到了这件事，何必在
乎别人有没有记住自己的名字？可见奥尔德林是一个豁达的人。

人要学会豁达，因为人生漫长，我们需要经历太多的得到与失去。如果
凡事都患得患失，我们的一生就会在得与失中摇摆，忘记了生命的意义是向
前走。做一个豁达的人，得到的时候告诉自己一切都会过去，就不会沉湎其
中，迷失心智；失去的时候庆幸自己曾经得到，就不会忧伤度日，耽误今后
的生活。

3. 是白纸，更是无限希望

在英国的一所著名大学，一位哲学老师正在进行一个测验，他将一张张白纸放在每个学生的书桌上，问他们看到了什么。

有些人说："老师，我看到的是一张白纸。"

有些人说："老师，白纸上什么也没有，我什么也看不到。"

极少数人说："老师，我看不到尽头。"哲学家说："我欣赏你们，你们的思维没有边界，目光不只盯着一张纸，还能超越事物本身，想到别的可能。你们的眼界更高、心胸更宽，这样的人，更容易成功。"

一张白纸，有人看到的是白纸本身，有人看到的是空白，有人看到了无限种可能。第一种人活得现实，一是一，二是二，他们循规蹈矩，做着应该做的事，不会有任何出格的举动，他们的生命安稳，却也平淡；第二种人活得无力，他们认为既然一切都会过去，努力没有必要，活一天算一天，他们的生命轻松，却也空虚；第三种人活得有热情，他们认为生命只有一次，必须做点什么证明自己的价值，他们相信未来，也相信自己的能力。

相信梦想也是一种豁达，如果一个人不为自己的出身自暴自弃，不为此时的弱小怨天尤人，不因一时、一事而对自己失去信心，武断地下定论，我们就不得不佩服他的心胸，也由衷相信只有这样的人可以成就大事——他能够接受自己，不论是优点还是缺点，都能够突破自己。

想做出一番事业，首先要有做事业的胸襟，一个人的成就必然与他的心胸成正比。举个简单的列子，做事业需要有伙伴，这些共事者身上可能有你难以忍受的习惯，甚至有人会冒犯你，经常跟你唱反调。你能不能包容不合自己心意的那部分？如果不能，你只能吸纳自己喜欢的部分，最多是一条河；只有吸取更多人的力量和智慧，才能有海纳百川的恢宏气势，所以荀子说："不积小流，无以成江海。"

王硕与庄吉是商场上一对老冤家，他们都做器材生意，经常产生矛盾。王硕为了挖对手墙脚，常常对合作者造谣说："庄吉的工厂存在很大问题，产品常常有质量隐患。"庄吉听到这件事非常恼火，但他的军师经常劝他要戒急用忍，不可争一时之气。

有一次，有人找庄吉谈一笔大生意，没想到对方要的产品型号刚好不是自己工厂生产的那种，反倒是王硕那里的专长。庄吉想起军师常常劝告自己的话，就直接将王硕的手机号告诉了那位顾客，没多久，王硕就签下了这一笔巨额订单。

从那以后，王硕再也没有说过庄吉的不是，反倒主动把一些客户介绍给庄吉。双方发挥各自的优势，通力合作，很快打垮了其他对手，占据了国内市场。庄吉很幸自己当年的大度，否则，他还在与王硕争夺小市场，根本不会有今天的成就。

俗话说，"宰相肚里能撑船"，想做大事

就要懂得包容和妥协。故事里的庄吉主动与和他对着干的王硕和解，换来了一位强有力的同盟者。如果总是计较过去的那点仇恨，两个商人不断作对，两败俱伤，又怎么会有后来的大成就？

做人要有容人的雅量，有时被人得罪，不要往心里去，只当过耳一句闲言，何必反复琢磨？人的心说小不小，说大不大，整天放着琐事，还有什么空间装大事？对待他人的缺点，也要能担待，肯担待，不要过分苛责，和人的相处才能和睦长久。对待他人的错误，用谦和的态度指正，不要揪着不放。要把精力放在那些真正重要的事上，有豁达的心胸，就能做到万物不介于怀。

4. 幸福不是拥有得多，而是计较得少

工作或者学习中，我们时常可以看到有些人进步的速度就像骏马，一日千里；而有些人虽然也很努力，但却如驽马，即使尽力，也不及速度快之人的十之一二。于是，时日渐长，速度慢的人开始放弃了，觉得自己怎么努力都没有希望，为此灰心丧气，郁郁寡欢。

其实，骏马和驽马都有自己的活法，太过在乎自己与他人的差距，就是自己给自己找烦恼。有的时候糊涂一点不是坏事，笨一点又何妨？同样在努力，同样在做事，要注意的是自己做到的，而不是他人做到的，眼睛里只有他人，哪里还能幸福？

计较越多就会失去越多，因为人们计较的常常是一些小事，计较生活中

的小事，会落个心胸狭窄、气量不够的名声；计较事业上的小事，就会一叶障目，不见泰山，耽误了正事；计较感情上的小事，就会以偏概全，对人产生偏见，影响两个人的关系。比较下来，就会发现得到的不过是一肚子怨气，失去的却是名声、机会、感情，小事耽误大事。

计较不如比较。与其哀叹自己无能或者忌妒其他人的好命，不如自己专心努力，俗话说"驽马十驾，功在不舍"，用更多的时间达到别人用很少时间达到的事，其实并不丢脸。天资有差距，过程自然会有不同。不计较是豁达，缩短差距是积极，一个豁达而积极的人，还有什么事做不成？

经济危机到来的时候，史密斯先生焦头烂额，他的工厂出现资金问题，不想倒闭，只能尽快裁员，于是，半数员工被解雇。

史密斯先生是个暴躁的人，平日对员工动辄训斥，被裁的员工无不对他咬牙切齿，甚至有人和他当面争吵。只有一个人没有对他横眉冷对，这个人就是清洁工人杰克。

当众人都已离开工厂，杰克独自一人擦着机器上的机油，史密斯先生看到这一幕，奇怪地问："你已经被解雇了，为什么还要留在这里干活？"

"解聘书明天才生效，今天我仍是这里的员工，必须完成今天的工作。"杰克说。

"我平日经常对你发脾气，你难道不生气吗？"史密斯先生问。

"先生，你是我的老板，给了我工作，我必须尊敬你。"杰克回答。

半年后，史密斯先生的工厂情况好转，杰

克收到工厂的聘书，邀请他回去工作。而半年前和他一样被辞退的员工，则没有得到这个机会，依然为找工作而烦恼。

人与人的相处常常存在着计较。今天你得罪了我，明天我记恨了你，烦烦琐琐，就像念珠一样没有尽头。与其这样煎熬，不如豁达一点，就像故事中的杰克，记得老板的好处，便不会在老板有难的时候落井下石，当然也就能得到老板的尊敬与扶助。

现实生活中，利害冲突不断，我们置身其中，有时深受其害。这个时候告诉自己不要计较太多，不要让自己徒增烦恼。唯有如此才能做到游刃有余，不被人事所累。不计较，既代表了一个人的智慧，又代表了一个人的心胸。

豁达的人并非任由他人打压，他们能与人保持友好的关系，就是知道对事不对人的重要。在一件事上，每个人都有不得已，该争的时候就争，不能让的时候寸步不退；但这件事过去以后，相争的人仍然可以做朋友，欣赏彼此的为人与品性，在其他方面合作无间。不必为区区一件事在意，你计较越少，收获就越多。

5. 借一方晴空，拥抱阳光

马老师是个天性乐观的老太太，她的这种个性很让学生们喜欢，为升学烦恼的学生们经常问她："难道您不会担心吗？难道您没有烦恼吗？"

"十年前，我的烦恼比你们还多。"马老师笑呵呵地说，"那时候我整天都发愁，担心工资不够用，担心学生惹事，担心先生工作不顺利，担心孩子生病……而且那时候我的脾气很爆，经常大发雷霆，身边的人只能小心翼翼地对待我，对我敬而远之。"

"可是您现在脾气很好啊！"学生们说。

"是的，因为我先生的妹妹是个心理医生，她经常给我打电话开导我。比如我为了升职烦恼时，她就会说：'就算不升职又有什么关系？何况，你的工龄够，能力够，怎么会轮不到你？'就这样，每次我担心什么，她都让我知道我的担心是没必要的，让我顺其自然。渐渐地，我发现我担心的事很少真的发生，是我太过紧张，搅得自己神经兮兮。后来我试着控制自己的情绪，凡事都往好的地方想，于是我就变成了现在这个样子！"

一个人的性格与他的生活状态有密切关系。整天乐呵呵的人，凡事想得开，不会自寻烦恼；与人相处能够为人着想，被他人喜欢；他身边总是有欢乐的气氛，让人愿意接近。相反，那些整天忧心忡忡的人，凡事都钻牛角尖，劳神费心；与人相处总是给人带来压力，旁人能避则避；他总是带着一种忧伤的气场，让人不愿接近。就算两个人有完全一样的生活环境，后者依然不快乐。

对人对事应该豁达，凡事都往好的地方想，有担心就无法放心，无法放心就不能开心。有的人活着总给自己找乐子，有些人却反其道而行之，常给自己找闷子。要知道世界上的事大多不能合自己的心意，世界上的人也不会按照你的喜好做事，自然也就会与你有摩

暖心小语

就算生活有了不如意，也要看看事物的另一面，让自己心里有更多阳光。

擦。不过要相信人心都有光明的一面，每个人都想追求一个和谐的人际关系，你如果处处设防，事事小心，有时会把好事想成坏事，美食当作鸡肋。

过重的担心并不是好事，忧郁会影响寿命，也会影响人的健康。在一项针对老年人寿命的调查中，那些长寿的老人大多性格开朗，喜爱热闹，而那些忧郁的老人常常郁郁而终。生命只有一次，为什么要陷入忧郁，让自己的幸福感大打折扣？

幸福的时候固然不要主动走进阴影，就算有了不如意，也要看看事物的另一面，让自己心里有更多阳光。你以什么样的眼光看待世界，世界就会变成什么样子：心理阴暗的人，看到每个人都心揣恶意；心态豁达的人，看到的便是海阔天空。

6. 捡拾心灵的落叶

一个女人心里充满烦恼，她去向智者请教："如何才能不去想我的过去，我整日沉浸在回忆里，无法正常生活。"

智者请女人一起去庭院捡树叶，女人见风刮个不停，就对智者说："不要捡了，反正有人会来打扫。"智者说："我捡起一片，地上就干净一分。"女人说："你捡起一片，风就吹下一片，哪里捡得干净？"

智者说："地上的落叶也许捡不干净，但是我们心上的落叶，却是捡一片，少一片，我们不能停止捡拾心上的落叶。你收起一寸心事，烦恼就少一点，总有一天，烦恼会无影无踪。"

智者捡起落叶，是在打扫心中的烦恼。那些不能忘怀的过去，就如同心间的落叶，你不清扫，它就在原地落着，用枯黄的颜色和苍老的形态提醒你它的存在；你若真能将它收起来，很快也就想不起它的确切样子，最多记得有这么一回事，但它已经不能再烦扰你。心间的"过去"去一点少一点，唯有扫净烦恼，人的心胸才能呼吸。

人们难免怀念过去，不论悲哀欢喜，都是我们曾经经历过的人生，也是不可替代的珍贵回忆。如果现实生活不如意，人们就会倾向于美化过去，在他们心中，过去的天比现在蓝，过去的人比现在单纯，过去的感情比现在纯真，过去的一切都有明亮的色彩，而现实却是黯淡的、苦闷的。沉浸在这种怀旧情绪中，人的精神也跟着低落。

还有一些人，总是对过去受的伤害念念不忘，也许是受伤太深的缘故，他们总是反复诉说、悔恨，恨不得时间倒转重来一次，再做一次选择。他们认为自己是受害者，长久地抓着过去不放，希望给自己一个交代。事实上，过去就是过去，不会对你做出任何补偿，你缠着它，耽误的是你自己，为难的也是你自己。

高中时，林奇与三个同班同学是好兄弟。毕业时，林奇考上上海的一所重点大学，几个朋友也各有出路，他们相约大学时一定要好好努力，今后做出一番事业。

大学时，林奇一直记得当初的约定，刻苦

暖心小语

过去既然已经过去，就把一切当成珍贵的回忆，洒脱地走出来，迎接更好的明天。

学习。他发现大学时人与人之间的关系不像高中时那么简单，他和舍友、同学相处得不是很好，所以很怀念高中时与三个兄弟同进同退、推心置腹的那种友谊。毕业后，他本来可以在一家很好的企业工作，因为怀念高中时的朋友，他决定回家乡，和几个朋友相聚。

没想到时间改变了许多事，朋友们外貌并没有太大变化，但各自有了各自的事业、家庭，见了面也没有多少共同语言。林奇十分痛苦，他觉得朋友们忘记了当初的约定。朋友们却对他说："并不是我们忘了，而是各人有各人的生活，每个人都要面对现实，过去的话，就当作美好的回忆，我们只能为现在活着。"

消沉了一段时间，林奇终于决定回上海发展，他认为自己也该潇洒一点，活在当下。

过去的情谊的确是美好的，曾经的誓言想起来就会激荡人心，故事中的林奇想要找回曾经在一起的奋斗伙伴，没想到世易时移，每个人都有了自己的生活。过去的一切并非是假的，只是努力生活的人都知道，最重要的不是过去说了什么，而是现在要做什么。

豁达的人能够正视过去，从过去的美好中，他们知道生活的重要、情谊的重要，过去让他们相信人性，相信真情，这就是回忆的正面力量；同样地，从过去的伤痛中，他们愿意检讨自己，吸取经验，让这份伤痛变成一份财富。不论美好与不美好，他们清楚地知道自己手中应该拿着什么，心中应该放下什么。

我们不必忘记过去，但不能留在过去。时光匆匆，未来还有漫长的路要走，留在过去，就是限制了自己的人生。一切必须向前看，人始终要向前走。过去既然已经过去，就把一切当成一份珍贵的回忆，豁达地面对那些悲哀欢喜，然后洒脱地走出来，迎接更好的明天。

7. 有一种坚持，叫放弃

一对夫妻结婚后日日吵架，吵得四邻不宁，还经常惊动双方家长。妻子对闺密们抱怨："我真不明白，结婚前我们两个有说不完的话，一天不见就像少了什么，为什么结婚后看对方就这样不顺眼，恨不得对方不出现在自己眼前。"

常言道："劝和不劝分。"闺密们都劝她想开一点，体贴一点，只有一个朋友对她说："你们的个性本来就不合，恋爱的时候还能相互忍耐，一旦朝夕相对，缺点再也掩盖不住了，也难怪对方受不了了。有些人不适合走入婚姻，建议你们赶快离了吧。"朋友们大惊失色，没想到她会说出这种话，纷纷责怪她。

可是，就像这位朋友说的，这对夫妻性格不合，根本无法一起生活。半年后，他们的感情彻底破裂，还是选择了离婚。离婚后的女人对朋友说："其实我也早就知道不合适，总是想着再试试，再忍忍。早知如此，我半年前就该听你的话才对。不够果断，害的是自己。"

常言道："宁拆十座庙，不毁一桩亲。"故事中的朋友眼见女主人公不适合再维持这段婚姻，索性做个"恶人"，提醒她赶快放弃。人只有学会放弃那些不适合自己的东西，才有可能真正学会判断，知道什么适合自己，什么对自己最好。如果优柔寡断总是放不下，就只能和不如意的现状纠缠不清，没个清静。

世界上很多坚持其实不值得坚持。就如故事中天天吵架的夫妻，恩情不再，存在的只是对彼此无休止的抱怨，也许过不久抱怨就会变成仇恨。这种坚持换来的不会是守得云开见月明，而是更坏的结果。这个时候，自己的坚持只是让不愉快的经历延长，浪费时间，浪费感情。与其如此，不如当断则断。

有时候面对烦恼，我们会告诫自己"将就一下"，但"将就"有什么意义？"将就"只是使本来就不可调和的矛盾再多酝酿一阵子，很多时候"将就"就是和稀泥，把原本的烦恼搅在一起保持暂时的和平，事实上并没有改变它的性质，总有一天它还是会爆发，造成的伤害可能更大，不如在该放弃的时候早点放弃。

安易的一位朋友失恋了，安易等到周末就赶快去了朋友家，他想要安慰这位朋友。没想到朋友竟然没有消沉的状态。安易说："真没想到，你恢复得这么快。"

"哪里哪里，我也是伤筋动骨，不过我虽然伤心，却能想开。"

"想开？你怎么想开的？"

"我想起以前我的姐姐来我家，看到我养的兰花很羡慕，我想送她两盆，你知道她说

暖心小语

有时候，放弃也是一种坚持，那是对生命的负责，对人生的尊重。

什么吗？她说她很喜欢花，但是她不是养花的人，不懂得养花技巧，也不知道花的习性，如果把兰花放到她家，就会糟蹋了兰花。我想这恋爱就像养花，养不好这一朵，就不要霸占着人家，有时候，放开反倒是最好的结局。"

好梦由来容易醒，失去爱情是人生最伤心的事之一，失恋的人容易消沉，容易借酒浇愁，也容易从此自称"看破红尘"，再也不相信爱情。这样的人看上去已经放开了一段爱情，其实还在为这段关系纠缠，并让一个不愉快的结果长久地影响自己的心境与人生态度。而故事中的这位朋友却很豁达，知道缘来躲不了，缘去莫强求，自己不合适，不如让对方找更好的；对方不合适自己，自己也会找到更好的。

我们总是强调"坚持"的重要性，似乎"坚持"等同于"精诚所至，金石为开"，但在现实生活中，"精诚"是有的，却不一定换来"金石为开"，倒有可能因为错误的坚持耽误远大的前程。要知道对一个选择的坚持，既可能让你走得最远，也可能让你无路可走。

坚持应该合乎实际，如果在错误的方向、用错误的方式一意孤行，就是固执。还有很多人明明知道这一点，就是不愿意放开自己的"错误"。他们觉得已经为此付出了各种各样的努力，中途放弃不仅是否定自己，也浪费了时间和精力。这个时候我们就需要有一个豁达的眼光，因为此时的放弃是在避免更多的错误与失败。有时候，放弃也是一种坚持，那是对生命的负责，对前程与更好未来的坚持。

8. 生命中很多惊喜，就在柳暗之后

　　有个年轻人从重点大学毕业，到一家大公司工作。年轻人满怀雄心壮志，却发现自己每天只能做一些打印文件、泡咖啡、扫办公室之类的杂事。几个月后，他的忍耐到了极点，他给自己的系主任打了个电话，说想回学校执教。

　　系主任接到电话后说："你毕业刚刚几个月就想回学校，太早了吧？"年轻人说："我根本就不该离开学校。继续做现在的工作，我一定会发霉！"

　　系主任说："那么你觉得我的工作如何？当年我大学毕业，是一个普通的学生指导员，每天干的事比你还无聊，一干就是三年。"年轻人惊讶道："三年？你真有耐心！"

　　"三年后，系里有个老师退休，有人推荐我去教课，教的竟然是我不熟悉的秘书学。"系主任说，"不过我想，比起指导员，当讲师是个进步，于是就开始教秘书学，一教又是三年。因为我很努力，讲课好，被提拔为系主任。依我看，你不要急着回学校，继续在那个公司工作，老板让干什么就干什么，随遇而安，总有一天会等到机会！"

　　听了系主任的话，年轻人收起好高骛远的心思，每天认真完成老板交代的任务。三年后，他已经是那个公司的销售经理。

　　一个人想要成功，抱负固然很重要，能力是最基本的条件，机遇也是一

个关键点。不过仅仅有这些还是不够，想要成功的人还要有一种豁达的心态，这就是随遇而安、顺其自然。故事中的系主任刚刚工作的时候，就悟出了这个道理，他相信机会总有一天会来到，人不会永远坐在一个位置。就是这份心态，让他在三年后一路升级。

有时候我们会感叹自己能力不足，现实的环境总不能让我们满意，却又不能加以更改，这个时候应该做什么呢？抱怨是最没有出息的办法，也最无济于事；没有目的、没有计划的行动只会让自己的人生更加混乱，因为凡事都需要功夫，你中途改变，就是浪费了曾经的努力；更忌讳放弃，你又不能确定前方没有希望，怎么能说放弃就放弃？

所有事情都需要酝酿，机遇也是如此，不必在意眼前的困境，要想想谁都有困境，谁都不会一帆风顺；更不能轻举妄动，当时机还不成熟的时候就行动，只会得到失败的结果。要相信机遇对每个人都是公平的，属于你的那一份只是还没有到来，你要做的应该是做好准备，以便它到来的时候紧紧抓住。在那之前，不妨先享受一下清闲，这不也是一种生命体验？

有个叫杰克的小伙子喜欢旅行。有一年，他一个人去美国纽约，下飞机后，刚刚订好旅馆，就被小偷"光顾"，钱包不翼而飞，身上只剩一点零钱。在美国，旅客遇到这种情况，一般都会立刻去警察局，然后在旅馆等待消息。杰克哀叹自己倒霉，不甘心美国之旅成为泡影，决心靠手边这点零钱来一次别开生面的纽约之旅。

第二天，杰克去参观自由女神像等有名的建筑，还认识了不少来旅行的年轻人。他们听说杰克的遭遇，邀请杰克与他们一起开车穿越西部，杰克兴高采烈地答应了。

整整一个暑假，杰克和新认识的朋友们畅游美国，他们住最便宜的旅馆，偶尔替人打工赚旅费。一个月后，杰克回到纽约，乘机回国。朋友们听说杰克丢了钱包，都说："你是怎么在美国过了一个月？一定非常糟糕！"杰克说："恰恰相反，我过了一个非常愉快的假期！"

假想有一天，你一个人下了飞机，身在异国，护照丢失，身上只有几块零钱，你会如何？是急着找人求救，还是在警局里咒骂那个小偷？你能不能像故事中的杰克那样，既来之，则安之，目的是旅游，没了钱就来一次免费游，用仅剩的条件让自己开心？恐怕很多人都做不到这一点，就算勉强游览几个景区，也必然愁眉苦脸。

豁达的人并不多，豁达有时甚至被人们称作"阿Q精神"，被认为是苦中作乐的心理安慰。我们所说的豁达是一种乐观的心理状态，豁达的人能够以最快的速度接受现状，却不会像阿Q那样只是接受，不能改变。豁达的人在判断过局势后，就会达观地放下原本的目的，顺着局势观察会有什么其他收获。

豁达也不是见风使舵，而是在不能改变局势的时候，一种放得下的心态。一个人的能力终究有限，勉强自己只会带来烦恼，不如随遇而安，只要耐得住性子，转机也许就在下一秒出现。陆游有一句诗写得很有诗情，"山重水复疑无路，柳暗花明又一村"。要相信生命中有很多惊喜，就在柳暗花明之后。

9. 心平如水，从容如月

心静自然凉，人们难以控制天气，但是心态却可以。生活当中，像天气一样难以控制的事情有很多，这时我们就需要调节自己的心态，争取平和些，才能消除内心中的烦忧。心平气则静，心态好一些，凡事看淡一些，才能做到真正的从容。

可以想象，炎炎夏日，蛙鸣蝉叫，总是让我们感到心烦气躁，但是到了夜凉如水的晚上，心头的烦躁好像就能缓和一些。我们的心也分为两面，一面是夏日的太阳，一面是淡如水的月亮，只有如月般从容，才能消除心底的烦躁和忧虑。环境在于我们怎样去感受，如果只沉浸于自己的安然中，自然不会受环境影响，反之，如果太过注意周围的环境，就只能让自己产生忧虑和烦躁。

决定我们心境的并非是客观的环境，而是我们自身。在意周围的环境，就会被周围环境所影响，从容一些，就能忽视那些让我们烦躁忧虑的环境。

如果我们难以保持平和的心态，难以做到从容，那么即使再安静的环境，我们也只会感到烦闷，这种情绪持续发展就会成为忧虑。我们要改变的不是环境，而是我们内心的波动，只有从自己本身出发，做到从容，那么才能收获心中向往的安然。

有一个女孩，她异常容易焦躁，这经常使得她的气质大打折扣。每当她焦躁的时候，就会难以抑制自己的情绪，变得非常冲动，她周围的空气都像改变了一样。每到夏天的时候，她的焦躁就会更胜以往，这样的季节让她非常反感。

午睡时女孩会被蝉鸣影响得睡不着，晚上又会感觉燥热，有时越想安静下来就越是听到规律的表针走动的声音，这些都成为了影响她睡眠的因素。越是安静的环境，她越是容易听到各种声音，这让她难以入睡。一直持续着这样的生活，她感觉自己有些神经衰弱了。

有一天，女孩的朋友约她一起出去玩，她想，反正回到家里也是睡不着，不如就去放松一下好了。他们选择到酒吧去消遣，那里异常喧哗，大家疯狂地跳着舞，音乐的声音大得震耳，不知道是什么原因，也许是因为这段时间实在是太缺少睡眠了，也或者是放轻松了，这个女孩渐渐沉入自己的小世界之中，不一会儿竟然在沙发上睡着了。

耳边震耳的音乐没能成为影响她的因素，直到最后朋友叫她，她才从睡梦中醒过来。真是奇迹，这竟然是她睡得最舒服的一次。由此，这个女孩也领悟到了，环境并非影响自己的因素，影响自己的，是自己焦躁的内心。从那之后，女孩下班后就给自己减压，从容地面对生活，也是从那时开始，她每天都可以安然入睡了。

从容一些，往往能够帮助我们脱离困扰。没有了烦扰，生活自然能够恬淡而幸福。我们缺少的，就是从容。没有绝对的安静，越是安静的环境，声音反而越容易凸显出来。只要我们能够不在意，那么怎样的客观环境就不再是影响我们心情的因素了。放宽自己的心，如月一般从容淡定，放下不必要的忧虑，自然能够让自己的内心变得平静如水。

第二章
一帘弯月如钩，一心淡然如水

为心灵寻一方清幽净地——爱山者可以靠山而憩，听空谷鸟啼，揽白云入梦；喜水者可以择水而居，或听海观涛，或湖中望月。抖落一肩的疲惫，忘记尘世的烦扰，享受心灵的宁静。

1. 多一分淡然，生活就多一分美丽

一个青年坐在村口不住地叹气，有位智者经过问道："后生，你为何长吁短叹？"

"我叹世事无常，人生不如意之事良多。我本是一书生，寒窗苦读，只待有朝一日金榜题名，谁知近日我朝战事不断，村里的男子都将应征入伍。"

智者听罢，劝道："世人寒窗苦读，不过为一朝功名，战场之上依然能取得功名。"

"可是，我就要远离家乡。"青年说。

"远离家乡，也许赴塞外，也许戍北海，也许你被派到战事不紧的北海。"

智者说。

"那如果我被派到塞外苦寒之地呢?"青年说。

"塞外苦寒,亦可陶冶情怀,增长见闻。"智者说。

"可是,如果我上了战场,刀剑无眼,死于战场怎么办?"青年说。

"死于战场,便归于大道,从此无知无觉,再也不必惊惧,所以施主无须烦恼。"智者说。

青年听罢,深以为然,果然放下心中重担。

人总是习惯为命运担忧,从眼前一事想起万千烦恼,没个了断。故事里的书生说人生不如意的事太多,却不能在不如意中看到机会,一味认为自己时运不济,这种太过笃定的念头可称之为"痴",也可叫作"执"。对一件事、一个想法太过坚持,就会把路越走越窄,再也不能心宽明理。可世间诸事纷纭,若不能心宽以待,怎能有豁达的心境?

什么是明理?在古代,"道理"并不是一个词,而是两个。"道",是我们前面说过的事物遵循的深层法则;"理",则是那些表面现象。到了现代,"理"的意思越来越宽泛。"明理",既是知晓事理,也是通情达理。故事中的老人既知"道"也明"理",他看事物不只看表象,还会推出前因后果,一旦看得明白,就不会有那么多担心——路在脚下,有时间担心,不如赶快赶路,寻找机遇才是正题。

暖心小语

心宽的人才能容纳人生更多的风雨。

有什么事值得人们愁眉不展、郁郁寡欢?不过贪嗔怨怒,贪念让人迷失心智,不懂知足;嗔怒让人肝火上升,伤神伤身;怨恨让人心生恶意，害人害己……人生的烦恼不过这些，一切都来自于自己的执念。执念一产生，便如种子植在心中，随着年岁枝繁叶茂，难以根除，甚至会被某些人视为生命意义之所在，忘记生命中还有其他重要的事。

古时候，有个官员担任要职，每天衙门里的大事小情如乱麻一样，让他心烦意乱。家里一个正妻、一个小妾、五个儿女常常争吵，也让他心力交瘁。这一天，他独自骑马到城外散心。他看到绿草丛边有个牧童正在吹笛子。官员坐下来与那个牧童交谈，他对牧童说："我真羡慕你，你只要放放羊，吹吹笛子，就能很快乐。"

牧童问："谁不是这样呢？难道你不是？"

官员说："我不是，我就算来到草地上，吹着笛子，心里也想着烦心事，不能解脱。"

牧童说："那么，难道这些烦心事是绳子，能绑住你的手脚吗？"

官员说："它们当然不是绳子，不能绑住我。"

牧童说："既然它们不能绑住你，你为什么不能解脱？"

官员静默不语，继而大悟。

世间烦恼并不是绳索，人们却心甘情愿地被它捆住，不知是烦恼缠人，还是人抓着烦恼不放。烦恼常常有美丽的外衣，比如娇美的容貌，比如殷富的地位，比如人尽皆知的名声。人们得到它，也要收下它负面的部分，越到后来，越是看到负面的部分，以致自己心烦意乱。倘若人们能够明白事理，客观地看待世间一切，至少不会为了事物的负面因素烦心。

明理的人心宽，对人对事看得开。在享受的时候，他们并不是不知道福祸相倚，今日的舒坦也许意味着明日的苦难，但他们不会为了明日的烦忧干扰今日的快乐。不论祸福，他们担得起；不论喜悲，他们放得下。在他们看来，"痴"固然重要，该洒脱的时候也要洒脱，该放下的时候仍然紧紧握着，未免有些小家子气。

修心的人明理，因为万物兴衰本就包含世间道理，教导人们看透事物表象，可以用心生活，不可过痴、过执。他们追求的是生命的宽度，而不是对一个"点"执迷不悟，即陷进去，再也拔不出来。生命有限，要体会的事太多太多，心宽的人才能容纳人生更多的风雨。世事无常，做个明理之人，便可于纷乱中觅得清静与智慧。

2. 多一物，多一心

中国古代有个贤人叫许由，许由是个通达之人，平日不喜俗物，也没什么烦恼。有一次他在河边用双手捧起水来洗脸，有人看到后，好心送给他一个水瓢。许由用后将水瓢挂在树枝上。风吹过来，许由认为瓢发出的声音让人厌烦，就将瓢还给送瓢的人，继续用双手洗脸。

传说上古明君尧倾慕他的才能，愿意将天下交给许由治理。可是许由认为尧治理天下很合适，自己不想要这个负担，就拒绝了尧。可见，在圣人眼里，多一物就多一心。

许由是上古有名的贤人，他连天下都不要的胸怀一直令后人追慕不已。许由是不是没有追求的人呢？不是。只能说他不追求世俗之物，他所追求的一直是心中的清静，这也是心灵的最高追求。

人要生存，就要追求合适的谋生手段；人要感情，就要追求合适的心灵伴侣。追求并不等于杂念，也并不与人生的要义相违背。只是人们渐渐发现，拥有的东西越多，负担就越多；想要的东西越多，就越成为心灵的负累。就像一个人背着背包，如果放进太多东西，就成了负重行走，脚步越来越慢，心境越来越不明朗，开心也离自己越来越远。

可是人们很难放开已经到手的东西，这就是前面说过的"痴"；"痴"如果更进一步，就成了贪，它们的表现都是对某种事物的过度偏执。人生在世，难免会有偏执的念头，已有的东西牢牢握在手里不肯放开。舍不得早已成为负累的旧物，就不能抓起生活必需的新物，也得不到两手轻松的宁静。一切烦恼都来自不如意，一切不如意皆来自偏执，可见人们什么时候懂得放下，什么时候才能远离烦恼。

古代有个大官，住在一所大宅子里，却经常觉得心烦意乱，很想寻个清静之所。但他发现天地之大，清静之地难寻，只好请一位智者为他指点迷津。

智者听完官员的烦恼，对官员说："大千世界，让人心烦的事很多。比如您身边这几位侍妾，每个人都佩戴着珠三钗环，发出响声，人一多，您自然觉得心慌意乱。不如让她们摘掉这些珠玉首饰。"官员依言而行，果然觉得耳边清静了不少。

智者继续说：“人生在世，人人求富贵，即使身上摘掉了珠玉，心里想的仍是珠玉。只有将心里的杂念扔掉，才能如这房间一样安静。”

官员终于明白了自己心烦气躁的原因。从此，他勤恳于公务，却不再醉心于功名，果然神清气爽，人们也越发敬重他。

世人常说想要觅一方清静天地，可以暂时远离俗世烦扰，可是桃花源迄今还没被发现，周围处处有烟火气，这“清静”总是无处可找。就像故事中的官员，眼看着簪环玉佩，功名利禄，哪里还有清静？可见拥有的东西太多，就会让人心烦气躁。

能够拥有是一件好事，或者证明了你的能力，或者证明了你的运气。但拥有太多却是一种负累，何况我们拥有的并不是属于自己的东西，我们只是暂时的保管者，不如顺其自然，能够放下，于人于己都是一种轻松。

少一份拥有便少一份执念，这不是要求人们做到一无所有，而是告诉人们要选择最重要的放在手里，而不是一堆零碎的边角。明理的人看得明白，人生所追求的不过那么几样东西，其余的都是附加，什么时候看透这一点，什么时候才能懂得专心致志。多一点也许不是坏事，但少一点却意味着轻松和更多的可能。人生道路漫长，要常常给自己减负，才能轻装上阵。

3. 一念放下，万般自在

发明大王爱迪生成名后，投入大笔资金在美国开办了一个实验室，实验室里配备了当时最先进的设备，请来了最优秀的助手。在那里，爱迪生把他的天才想法反复试验，也产生了不少优秀的发明。实验室里最多的，是那些有了初步成果，却尚未完成的半成品。

1914 年的一个晚上，实验室发生了一场大火，当消防员赶来的时候，所有实验器材和试验资料毁于一旦，看到长年的心血化为灰烬，助手们心痛不已。也有人害怕爱迪生会想不开，他们都想安慰他。没想到爱迪生却说："大家不要难过，这一场大火烧光了我们的实验成果，也烧光了我们以往的错误和偏见。现在，让我们放弃过去，重新开始吧！"助手们的信心在一瞬间被他点燃。

有开始就有结束，有得到就有失去。爱迪生的实验室毁于一场大火，损失惨重。我们的人生中也多多少少有过类似的经历：长时间的心血毁于一旦，没有任何挽回余地。这个时候我们只能选择放弃，但这放弃并不能让我们轻松。放弃应该从心理上开始，面对过去的执念，要明白唯有真正的放弃，才能得到新的机会。

放弃不是一件容易的事。如果放弃的仅仅是手中不重要的东西，也许心里不会难受，但"放弃"这个词一向与重要的事相连，而且这种"放弃"往往意味着不能再拥有。人有执念，自然也有相应的努力和行动，也许已经有了一些成绩，放弃就要将这些东西全部都抛掉，也难怪人们说："得到难，放弃更难。"

那么，人们舍不得的究竟是自己的执念，还是那些已经付出的青春、精力、金钱？恐怕后者的成分要多一些。多数人都希望自己的投入有所回报，不希望自己的努力成了竹篮打水。但也就是这种心理，让执念越来越深。明理的人不会沿着错误的方向一直走，他们会及时收手回头，因为知道继续纠缠下去，只会浪费更多，耽误更多。

清清是个美丽的女孩，在她上班的公司，很多男士想要追求她。但是今年已经27岁的清清对感情从不过问，拒绝了所有人的追求。

清清不谈恋爱有她的原因。在大学的时候，清清有个感情很好的男朋友，可是两人个性不合，经常产生矛盾。两个人几经磨合，依然不能适应对方，最后只能选择分手。清清对这段感情投入很多，对这个结果非常失望。从此她对感情能避则避，更不想走入婚姻的殿堂。

清清的好朋友们经常给她讲道理："一个不合适，难道第二个也不合适？不要因为一个人就对所有的人都失望。你不去尝试，怎么能遇到最好的？"但清清一直沉浸在过去的失望中，不肯迈出一步。身边的姐妹们一个接一个地都嫁人了。终于有一天，清清才发现，再不重新开始，自己就要成为剩女一族中的一员了。

暖心小语

懂得放，懂得舍，懂得放弃也是一种获得。

懂得放弃是一种智慧。过去已经成了定局，就算有再多的执着有些事也无法挽回，一味留恋只会徒增伤感。就像故事中的清清，为了一次失败的恋爱而否定自己，否定感情，这种否定情绪已经影响了她的生活，如果不能及时放开这种负面情绪，迎接她的将会是孤单的结局。如果有一天她突然醒悟，恐怕要后悔自己耽误了那么多美好的时光。

舍得放弃是一种能力，放弃代表一个人的决断。在最恰当的时候放手，即使有伤痛，也是最佳选择。放下一些旁人羡慕自己也舍不得的东西，何尝不是一种考验？要相信有舍必有得，贪恋只会拖延你前进的步伐。哪一次选择不是因为对旧选择的放弃？所以不要害怕放弃，放弃意味着新的选择与新的开始。

对人生的烦恼更要懂得放弃，有一位智者曾对徒弟们说了一句饱含智慧的话，教导他们脱离苦海，这句话只有两个字——放下。放下执念，便能明理；放下烦恼，便有自在；放下欲望，便可超脱。多少智慧都在这两个字之中，需要人们细细体会，反复琢磨。唯有放下，心灵才能容纳更多的智慧，所以修心者懂得放，懂得舍，懂得放弃也是一种获得。

4. 容得瑕疵，得到美玉

有个蜡像家是出了名的完美主义者，他做的蜡像务必要和真人一模一样，否则就毁掉重做。他对自己要求太高，以致一辈子都没有几件作品。到了老年，他预感自己就要死了，为了逃避死神，他做了九个自己的蜡像摆放在房子里，为的是避免自己被死神带走。

没过多久，死神来了，他看到十个一模一样、一动不动的人，迷惑不已，不知该带走哪一个。最后死神大声说："不要以为你能为难死神，死神知道你的一切。"说着，他指着其中一座蜡像大叫："看啊！这座蜡像的瑕疵多么明显！真是失败的作品！"

蜡像家"嗖"地跳了出来，抓着死神急切地问："瑕疵在哪里？瑕疵在哪里？"死神说："有没有瑕疵并不重要，重要的是我抓住你了！记得，太苛求完美会害死自己，世间根本没有十全十美的东西！"说着，他取走了蜡像家的性命。

有些人痴迷于完美，认为凡事只有做到十全十美才算成功，一点瑕疵那就是最大的失败，不可饶恕。这样的人大多是偏执狂。故事中的蜡像家是个完美主义者，他雕出的人像能够骗过任何人。可是，完美是他的优点也是他的弱点，因为太过追求完美，他没能骗得过死神。

对普通人来说，需要小心的不是"痴"，而是过于痴迷。过于痴迷的人对内会执执念，干扰心智，不得清静；对外就会变为苛求，对人对事过分挑剔，永远不能满意。偏执者的误区在于，别人是为了达到某个目的完成一件事，而他们却会完全忘记目的，只想着如何做得最好，为了一个小细节的完美，他们可以忘记大局。

在人际关系上，苛求更是一个杀手，完美主义者对自己要求高，他们往往很优秀，如此一来，更让凑近他们的人倍感压力。他们会以对自己的要求来评价别人，一旦别人达不到标准，他们就会产生偏见。人际关系还是小事，偏执到了极点，看什么都不顺眼，全世界的人和物都不能让他们满意，这时候偏执者已病入膏肓。

古时候有个富翁，他有一个独生女，长得无比娇美，性格温柔，才情又好，可谓样样优秀。富翁爱若掌上明珠，在女儿很小的时候，就发誓只有世间最好的男子才能娶自己的女儿。

转眼女儿到了婚嫁年龄，来提亲的媒人络绎不绝，可富翁总是对男方的条件诸多挑剔，认为对方配不上自己的女儿。于是，富翁拒绝了一个又一个求婚者。

又过了几年，富翁的女儿渐渐老去，求婚的人越来越少，富翁的妻子劝他："不要再耽误女儿的终身，找个差不多的对象就好。"富翁却说："我对女儿负责才会如此，终身大事，怎么能随随便便呢？"仍然对求婚者挑剔不已。又过了几年，已经没有人来向

暖心小语

很美，却不完美，才是生命的常态。

富翁的女儿求婚。

　　其实不论人与事，合适与中意才是最重要的，非要制定一个"最高标准"，然后按图索骥，无异于大海捞针。就算真能找到，没准人家也是个偏执狂，偏偏就是看不上你。

　　世界上也许有你心目中的十全十美，但甲之蜜糖乙之砒霜，你所想象的完美在别人眼中可能是"不美"。凡事高标准没有什么不对，对自己要求严格能够提升能力，对他人要求严格虽然可能得罪人，却也有人敬重你的认真与正直。但高要求变成苛求，就让人吃不消。何况你的标准并不是别人的标准，何必强人所难？

　　人生最怕"意难平"，一旦自己太过挑剔，觉得不满意，花好月圆也好，金榜题名也罢，都成了灰色的，不值得骄傲，这是一种自己造成的遗憾。因为心中最想要的事没有做到，到手的东西难免看着就不顺眼。太过苛求就是病态，如果生命始终以这样一种苛刻的标准来衡量，那么我们便没有进步，没有提高，更谈不上幸福，谈不上享受，这样的人生又有什么意义？不如放低标准，放宽心胸，接纳自己也接纳他人。很美，却不完美，才是生命的常态。

5. 情深不寿，慧极则辱

一日，智者路过一个花园，见花园莺语花香，一派春日祥和景致。智者正在散步，突然听到一棵高大的树上传来一阵哀鸣，举头看去，是一窝小鸟因害怕而啼叫。

"这么小的鸟却放在这么高的树上，难怪会害怕。"智者想，他不忍听到小鸟的叫声，就拿了梯子，把鸟窝放在低一些的树枝上。

第二天，智者依然路过花园，又听到小鸟的啼叫，于是智者又将鸟窝放低了一些。如此几天，小鸟终于心满意足，发出欢悦的声音，智者终于能够放下心。

没过多久，智者又一次路过花园，却听不到鸟儿的声音，只看到低矮树枝间空荡荡的鸟巢和散落的羽毛。原来，鸟巢放得太低，小鸟都被附近的野猫叼走了。智者顿时明白，自己对小鸟的帮助，最后杀死了它们，他懊悔不已。

一种感情一旦过度，竟成了"痴"，过度的爱就是如此。想多为对方做一些事并不是错，但人们常常忘记自己并不是对方，自己需要的对方并不一定需要。更糟的是，有时你想到的东西非但不能帮助对方，还会给对方带来危害。故事中的智者本着一颗慈悲之心帮助小鸟，却害得小鸟丧生，这就是过度的关爱害了他人的例子。

　　世界上最伟大的感情就是爱。爱，既包括父母子女之间无条件的呵护与扶持，也包括男女之间无缘由的吸引与迷恋，还包括朋友之间无偿的关怀与信任，更包括对他人对世界的真诚奉献。但是，父母过度溺爱会让孩子无法独立；情侣过度沉迷爱情会失去自我；朋友间过度关怀就成了束缚……爱应该有一个限度，一旦超过这个限度，爱就成了一种伤害。

　　感情的限度不好把握，却必须把握。掌握这个"度"其实并不难，只要能够站在他人的角度，认真为他人着想，即使给予什么，也不要过量，就能够既让对方察觉到你的心意，又保证对方的独立性。要记住你的关怀应该是对方的辅助，而不是越俎代庖，什么事都为对方做，因为你帮得了他一时，帮不了他一世。

　　一对老夫妻住在一座海岛上，过着与世隔绝的生活。老人每天在近海捕鱼，妇人喂家禽，夫妻二人生活平静。一日，一群天鹅落在海岛上，老夫妻很喜欢这些漂亮的鸟，拿出谷物招待它们，天鹅们也很喜欢这对老夫妻。

　　日复一日，天鹅群分成两个阵营，一个阵营认为老夫妻心地善良，真心喜欢它们，它们应该留下来陪伴老夫妻。另一个阵营认为天鹅应该寻找最适合自己居住的地方，而不是这个只能依靠老夫妻的海岛。两个阵营经过激烈争吵，无法达成共识。最后，一批天鹅飞走了，另一批天鹅留了下来，和老夫妻一起快乐地生活着。

　　过了几年，飞走的天鹅早已找到了栖息的乐土，它们再一次来到海岛，想要感谢那对老

暖心小语

　　一种感情一旦过度，就成了"痴"，过度的爱也是一种伤害。

夫妻，也看一看自己的同伴。没想到，岛上什么也没有，只有当年的老房子。原来，这几年，老夫妻先后去世，天鹅来不及飞走，在湖面封冻的时候全都饿死了。而及时离开的天鹅，靠着自身的本领，避免了这种命运。

依赖是一种深厚的感情，故事中的人与天鹅相互依赖，彼此善待，在外人看来这是和谐美满的一幕。有时候我们的爱是对他人的一种回报，但要记得回报应该量力而行，如果你不能保证自己的生存与强大，如何更好地回报对方？如果执着于这种依赖，很可能像故事中的天鹅那样失去生命，这也是一种必须放弃的"痴"。

爱是一种无私的情感，别人给予爱，并不是要把爱当作一种工具，甚至不求你会回报。如果你想要报答，首先要想到的是自己的能力，自己能做些什么，而不是做那些自己力所不能及的事，这样不但不能报答对方，还会让对方有负罪感。生活中，我们要注意感情的平衡，不论是给予还是报答，都不要过度，过度不但会害到人，更会害了自己。

有个成语叫作"情深不寿"，感情太深就不易持久，就像火焰燃得太烈很快就会熄灭。这种感情并非不真不美，只是它过了度。不妨在爱的过程中用一种平和而有节制的态度付出爱，接受爱，这也就成了"大爱"。懂得大爱的人，不会为一人一事过度执迷，他们的爱往往出现在人们最需要的时候，如春风化雨，恰如其分。

6. 春来花自红，秋至叶飘零

在现实生活中，我们做不到万事皆空，心中常常会有杂念。最大的杂念来自于他人，确切地说，是我们心中杜撰出的"他人"。做一件事，首先想到的不是如何做好，而是他人会怎么看、怎么说，或者想如果是他人会怎么开始，做到什么地步。这就是将自己置于他人的阴影之下。总是注意这些，哪还有精力好好做事？

活在别人的目光里是一种痴，这样的人过分看重社会关系和个人形象，把他人的看法当作行动指南和成绩单，很容易因他人的一句话改变主意，更容易沦为他人的附庸。这时候心理上也会有莫大的压力，因为凡事不但要想自己更要想他人，他人的意见倘若不一致更让人烦恼。这种"在意"是种自误，应该提醒自己："好好做你的事，管他人做什么？"

唐亮学的是平面设计，毕业后在一家广告公司工作。唐亮是一个优秀却敏感的女孩，很在意别人对自己的看法。她工作努力，却得不到上司的肯定，心里暗暗着急。

一天，唐亮在洗手间无意中听到上司在打电话，上司带着不屑又烦躁的口吻说："真不明白现在的大学生在学校都学什么，笨得要命，教什么都学不会，做出来的东西根本不能看！"唐亮认定上司在说自己，她想自己很快就要被上司辞退，情绪十分低落。

好在唐亮是个负责任的人，虽然有要被辞退的预感，她仍然认真地做着手头的企划。只是每当同事们聚在一起，唐亮就觉得他们在议论自己的不是；每当上司投来一个眼神，她就觉得上司在琢磨怎么炒她鱿鱼。唐亮把企划书交上去，没想到竟得到上司和同事的一致称赞，同时，另一位同事被解聘。唐亮这才明白：那天上司抱怨的人并不是自己。

一场虚惊，从此以后，唐亮再也不去自找烦恼，给自己无谓的压力。

很多烦恼都来自于内心的多疑与不自信。就像故事中的唐亮，对自己没有正确评价，一个武断的主论让她烦恼数日，整天让自己生活在马上就要被解雇的压力中。其实事情哪里有那么严重？工作不好上司自然会提醒，做得太糟公司也不会留着你，这么简单的事都看不明白，有压力也是自己的过错。

现代人压力大，总嚷嚷着要减压，事实上他们每天都在给自己增加无谓的烦恼与压力。他们每天都要寻找以下烦恼：今天什么事很难办，肯定办不成；今天什么人让我反感，真讨厌；今天遇到了什么倒霉事，运气真不好；今天又出现了什么样的新麻烦，真是越忙事越多……想要减压的人偏偏给自己找压力，真是自作自受。

明理的人就不会有这种烦恼，他们想的正好相反：今天做成了什么事？是不是遇到了有趣的人？解决了什么麻烦……他们的思维是积极的，自然就不会产生压力。生活中有很多烦恼，我们要争取修炼这样的心性：放下烦恼，海阔天空。

暖心小语

生活中有很多烦恼，唯有放下烦恼，才得海阔天空。

7. 给心灵留下转身的空间

人总是希望心灵能够宁静祥和，又害怕一成不变的生活。但是，欲速则不达，把自己装得太满，就成了一个密闭的容器，不但装不了新东西，连旧的东西都无法正常流动，思维也就出现了钝化，难怪没有进步。

如果把人生比作香茶一壶，我们每个人只有在沸水般的困境中历练，才散发出香气。人生的价值应该是外向的，所以我们应该学着奉献，就像茶水倾倒自己供人解渴。同时还要记得不要装得太满，这样才能填充新的东西，补充新的滋味。

比起肉体的衰老，精神上的停滞更加可怕。一旦思维被困在某个角落，那么眼睛就不会注意其他东西，脑子全围绕着一个东西转动，最后成了钟表上的时针，机械呆板，再也没有新意，这就是"痴"的代价。如果能给心灵留点空间，在这个空间里，我们可以站得高一点，想得深一点，看得远一点。也是在这个空间，你才能够察觉自己有远离尘嚣的一面。

张黎和徐青是一对好朋友。大学时，她们在不同的宿舍，学不同的专业，每周见几次面，每次见面都要给对方一些小礼物，还有说不完的话。她们觉得对方就像自己的亲姐妹一样，只盼望毕业后两个人能够住在一起，朝夕相处。

毕业后，张黎和徐青终于能够搬到一起，没想到，她们的相处并不是那么理想。两个人住得近，矛盾就多，难免挑剔对方，发生口角。终于有一天，两个人吵翻了，张黎嚷嚷着说要搬家。一位师姐听说这件事后说："以前你们两个好得像是要穿同一条裤子，怎么毕业没多久就吵翻了呢？有道是距离产生美，你们不用搬家，只要不住在同一间房里，保证没事。"

张黎和徐青没有搬家，只是住到了不同的房间。二人有了各自的空间，关系果然缓和了不少，依然是很好的朋友。

常言道："距离产生美。"这句话是与人相处的真理。两个人一旦太接近，缺点就会暴露无遗。不在一起的时候，想到的都是对方的好；朝夕相处之后，看到的都是对方的不好。

与他人保持一定的距离并不是件坏事，一朵花远远看着是美丽的，就不必非要凑到跟前，连它被虫子咬的黑乎乎的窟窿也看个一清二楚，既让你不愉快也让它难过。除非你已经达到了最高境界：不管它有什么优点缺点，你能够全盘接受，并依然能欣赏它的美。

人也应该与世界保持一点距离，才能给自己留下转身的空间。与世界保持距离，就是什么事都不要做过头。小说电影里总在重复人生的痴迷，但要记得只有清醒的人才能把握生命，我们都免不了一时痴迷，但到一定程度就要懂得收敛，才有机会获得真正属于自己的东西。

照相的人都有这种体会：镜头只有调到不远不近时，拍出的相片才是最美的。人的生活也是如此，通晓事理的人应该从容地调整自己的镜头，不必那么急迫，放下执念，让心灵始终有个宽阔的所在，在悠然自得中，自有最美的一瞬。

暖心小语

人生如香茶一壶，只有在沸水的困境中历练一番，才会散发出香气。

8. 你就是风景，无须在别人的风景里仰视

在日常的生活中，有一些人为了一些鸡毛蒜皮的小事，或者是几句闲言碎语，再或是自己的不幸，唉声叹气、忧愁不已……

其实，人生在世，难免会听到一些别人给予自己的各种各样的评价，有好的一面，自然也就会有不好的一面，如果你总是一味地纠结于别人对你的评价，哭丧着脸过日子，那么生活无疑也会痛苦、无奈许多。但是如果你能做到将这些闲言碎语置之不理，那么就可以让自己原本灰暗的心境变得光亮快乐许多。

有一位精通卜算的智者，常常会为附近的居民排忧解难，因而深受当地人们的尊重。有一天，闲来无事，智者就给自己算了一卦。卦象的结果十分不乐观，显示的是，在后天的凌晨，当启明星消失的时候，这位智者就会死去。

智者对这个结果既惊讶万分，又哀伤不已。虽然大智之人要对生死看得很淡，但是自己的身体一直都非常好，没有任何不良的征兆，所以难免心中会有一丝情绪。等到智者将自己的心情平复下来以后，就把这个消息告诉了自己的弟子们。没过多久，附近的人们就都知道了这个消息，大家对这个结果都感到十分伤心。在众人的心中，智者不仅卦象算得很准，而且还非常乐于助人，于是人们就纷纷来到了智者家里，想要为智者送行。

智者在交代完自己的身后事以后，开始静静地坐在那儿等待启明星的离

去，自己死期的来临。

这一天，东方的天空开始被朝霞一点一点地染红。智者默默地站在窗前，哀伤地看着楼下为自己祈祷的人们，心情十分沉重。他不知道自己会以什么样的方式和世间告别，也不知道，万一当启明星消失以后，自己如果还没有死去，又将如何才好？楼下站满了对自己充满敬意和信任的人，如果卦象的结果出错，他们一定会对自己议论纷纷，那么自己多年来的名声就会没有了。

启明星开始逐渐地暗淡了，一点点地变弱直至消失了。楼下响起了一片欢呼声，大家都为智者能够躲过一劫而感到高兴。但是，当所有人都沉浸在庆幸的喜悦当中时，智者却从楼上跳了下来。

其实，一个人如果总是把自己的生活焦点和生命的重心放在看别人的眼光、脸色和喜恶上面，想尽办法去克制自己，迎合别人，是一种十分愚蠢的行为。人生在世，不可能做到满足所有人的要求，就算可以，也只能扭曲自我，最终失去自我，失去自我的生活乐趣和整个生命的价值。这个智者正是如此，这个世界原本就是不圆满的，人也不可能是十全十美的。就算卦象的结果出错，别人会对自己议论纷纷，只要自己能够做到坦然面对不就可以了吗？

阮玲玉，很多人在说起这个名字的时候，都带有一种深深的惋惜之情。阮玲玉自杀的时候只有 25 岁，正值芳华。她就是被社会上那些闲言碎语给逼迫而死。鲁迅先生曾经为她写了一篇《论人言可畏》的文章。是的，各种各样的舆论给予一个女人的压力是巨大的，面对着各种各样的闲言碎语，阮玲玉选择了自杀。她用自己生命的代价去做最

暖心小语

闲言碎语耳边风，不留一片在心中。

后的抵抗无疑是悲哀的。因为，生命对于每个人来说只有一次，失去了就再也回不来了。在生命的珍贵面前，那些闲言碎语又算得了什么呢？

这个世上，没有一幅画是不被别人评价的，也没有一个人是不被别人议论的。如果你是一个沉默寡言的人，那么有可能别人会说你是一个"城府很深"的人；如果你是一个非常健谈的人，那么有可能别人会说你是一个"夸夸其谈"的人；如果你去赞美别人的话，也有可能别人会说你是"别有用心"；如果你善意地批评别人的话，那么还有可能使别人暴怒不已，认为你这是在"多管闲事"。所以，不管你怎么说，怎么做，都逃脱不了别人对你的评价议论。

俗话说："坐起来说人，站起来被人说。"评价别人和被人评价都是一种非常正常的生活现象，生活中，又有哪个人能做到不被人说，不说别人？"谣言止于智者"，不管别人怎么说你，你都不必在心里太过纠结，更不要去理睬，舌头长在别人的嘴巴里，说什么都是别人的自由，可是要如何做却是你自己的权利和选择。

当然，要做到不被他人的闲言碎语所左右，是一件不容易的事。陶渊明有云："心远地自偏。"一个人只要拥有了对生活的信念，就不会在意那些闲言碎语，更不会因为别人所说的一番话而影响到自己的生活。

记得日本著名的哲学家西田几多郎曾经写过一首诗："人是人，我是我，然而我有我要走的道路。"的确，我们每个人都有着属于自己的生活目标和生活方式，如果我们不能选择自己所喜欢的生活方式，走自己想要走的人生路，而是时时刻刻在意纠结别人所说的闲言碎语，这不就等于在为别人而活吗？这样的生活还有什么意义可言呢？所以，当我们在面对那些闲言碎语的时候，请牢牢地记住一句话：闲言碎语耳边风，不留一片在心中。

9. 简单，就是幸福

　　生活是复杂的，然而生活方式我们却能选择简单。过于在意生活中的繁杂，那么生活就变得繁杂，万事看得简单一些，自然就能找到一种简单的生活方式。将万事看得淡一些，不要为自己的生活添加太多华而不实的点缀，那些只能成为生活的负累。

　　生活也好，感情也罢，看得简单，便是简单，如果时常担心忧虑，那么就感受不到幸福所在。不要为那些事情而忧虑，万事看开一点，也就自然简单一点，爱也好，生活也好，都会变得很简单。

　　人们总是弄不清楚什么才算幸福，于是总觉得自己离幸福还有距离，所以想尽办法去追求看不见的"幸福"，结果，这除了让我们的生活变得极其忧虑复杂外，没有任何改善。其实，幸福就在我们身边，只要少一些忧虑，学会让内心满足，让自己的生活变得简单一些，就能把握住幸福。

　　从前有一个商人，他是别人眼中的成功人士，但他每天都不快乐，更是厌恶了城市的喧嚣。终于有一天，不堪重负的他放下了手中的工作，带着积蓄为了寻找幸福的真谛而开始了四处游历的生活。

　　商人来到了一个非常落后的小村子里，那里的生活非常贫困，人们每天都要辛苦地劳作才能够勉强度日。孩子们没有上学的条件，几乎都要帮助家里干农活才可以维持生计。他在那里停留了一段时间，心中居然感受到了从未有过的幸福，那里虽然落后，却与世无争，人也非常淳朴，没有钩心斗角，没有尔虞我诈，每天日出而作，日落而息。

商人每天白天都会到山坡上思考。虽然他想要追求这种幸福，也暂时放下了自己的一切，但是偶尔还是难免会想到自己的生意。

有一个放羊的小孩每天都在山坡上放羊，他穿得破破烂烂，但是每天都在山坡上叼着草，快乐地唱着牧歌。商人感到非常不解，便问小孩："你有想过你的明天吗？你放羊为了做什么呢？"

小孩高兴地说："我将这些羊养大之后就能够卖钱，我一直在攒钱。"

商人又问："攒钱做什么呢？"

小孩开心地答道："等我长大就可以用攒下的钱娶老婆。"

"那娶老婆为的是什么呢？"

"生小孩。"

"生了小孩你希望他做什么呢？"

"放羊。"

商人觉得小孩子真的非常可怜，永远不知道外面的世界有多大，心中也只有这些。于是他对小孩说："这样的循环你会一直过着苦日子。"

没想到小孩却一点难过的表情都没有，他说："可是我过得非常快乐。"听了小孩的话商人陷入了沉思，他觉得他已经找到了幸福的真谛。

暖心小语

让自己的生活变得简单一些，就能把握住幸福。

生活是忙碌的，以至于我们只知寻找，却忘记了自己一直想找的目标是什么。就像是商人一样，生活中的忧虑已经让他无暇顾及其他，在放下了一切之后才找到了自己一开始所追求的东西。幸福不是一道题，无须进行精密的计算，看得简单一些，少一些忧虑，幸福自然就会来敲门。

生活是自己的，不要在乎别人如何看待，否则就会给自己的心加上太多的负累。生活中我们需要的其实很简单，如果过度忧虑，就会觉得疲惫，难以支撑。

有一个年轻人，从小学习就很优秀，到了职场也是混得风生水起，但是他过得并不幸福。他希望做一个完美的人，但是生活总是不能如意，无论他怎么努力，公司仍然有人不喜欢他，虽然他尽可能做到完美，但是仍然不能和所有同事相处融洽。

年轻人怕自己的一个不小心就会让工作出现漏洞，被这些人算计，于是他每天都胆战心惊，小心翼翼。虽然工作成绩非常突出，但是他又怕这样会遭到同事的嫉恨。一直保持着紧绷的状态，终于有一天他受不住了，长期这样的生活已经让他患上了很严重的神经衰弱症。医生建议他先放下手头的工作，出去疗养一段时间，关于工作的一切都不要去想。

年轻人请了长假，收拾行李考虑着去哪里，他的妻子看到他大包小裹，连锅子都放进行李中，就问他："你带锅子做什么呢?"

年轻人说："不是所有地方都能有一个干净的用餐环境，我必须提前考虑好，以备不时之需。"他的妻子深知他的脾气，于是没有说什么，只是在他睡着以后偷偷将不必要的行李重新收拾了。

在年轻人出发的时候发现行李少了很多，他非常焦躁，但是时间紧迫又要赶车，来不及重新收拾，也只好带着简单的行李出发了。临走时，他只来得及拿着那口锅。

开始的时候，年轻人总是不能静下心来享受自己的假期，每到一个地方他总是担心妻子而给家中打电话，或是给同事打电话问自己的工作。他完全没能享受他的假期，被忧虑所困的他决定提前回去工作。

在一个渡口，年轻人发现了船夫在树下闭目养神。他对船夫说："你不努力工作，到什么时候才能享受生活呢？"

船夫没有坐起来，只是睁开了眼，反问他："那你觉得我现在在做什么呢？"年轻人顿悟了。他看到船夫用疑惑的眼神看着自己手中的锅，才想起，这一路，他从来都没有用过。

生活本质上很简单，却因为我们想得过多而变得复杂。就像这名年轻人一样，什么都想做到完美，于是让自己越来越累，慢慢为了迎合别人而活，没有时间享受自己的幸福。生活需要奋斗，同时也需要享受，心态平和一点，要求低一点，也就能离幸福更近一点。

生活中我们不妨做那个船夫，简单地生活，在奋斗之后也别忽略了停下脚步享受生活。在享受生活的时候就要全身心地放松，不要去忧虑那些看不到的未知。生活的旅途上务必做到轻装上阵，才能有足够的空间承载幸福。

第三章
一段岁月妖娆，一心温暖安然

一个知己，一份感情，总会在生活的不经意间，带给我们一份欣然。这是无声的爱，山一样厚重，海一样深沉，牵挂于心间，无须多言，却倍感温暖！

1. 用心去温暖严寒

春秋时期，孔子曾经这样教导他的弟子：君子想要安身立命，只需记下四个字——恭、敬、忠、信。

孔子又进一步解释这句话："恭，就是对人真心诚意，这样就不会被周围的人排斥；敬，就是要尊重别人的个性和习惯，这样才能被他人喜爱；忠，就是依从本心，有分寸、有原则地做事，这样才让更多的人愿意与你共事；信，就是讲究诚信，让人信赖。这四点能够让人安身立命，避免灾祸，赢得尊重，做出一番事业。"

孔子这些教诲，就是人们常说的"大义"。

"义"，是我国古代人们遵循的一种道德规范。"义"代表公正，凡事都要有客观的立场，平等地对待身边的人和事；"义"代表道义，是道德对人们行为的一种要求；"义"代表正义，要求人们拥有正直的人格，不畏外界的压力……孔子以恭、敬、忠、信作为对弟子的要求，就是教导弟子知晓大义，无愧为人。古代人看重义胜过自己的生命，所以有个成语叫"舍生取义"。

即使在今天，"义"仍然有广泛的意义。一个人想要有丰富的人生，就要有相应的物质基础，同时也要有相应的精神基础。"义"是一个人的精神内核，人无完人，每个人都有很多缺点，但懂得"义"的人很少偏离人生的大方向。懂得真诚，就能有良好的心态；懂得尊敬，就不会无视他人；懂得忠诚，就不会勉强自己，也不会背弃他人；懂得信用，就能有好的形象。

由此可见，"义"，是为了保证心的清明与端正。

有两个擅长钓鱼的人喜欢在湖边钓鱼。那个湖是一个钓鱼俱乐部常去的地方。这两个人钓鱼技术高，连俱乐部的人都常来与他们切磋。

不过，这两个人的性格却不太一样，一个瘦瘦高高，对人爱答不理，别人问十句，他最多答一句。另一个人心宽体胖，爱交朋友，不论别人问他什么，他都热心地教导。他说："钓鱼就是个爱好，大家玩得开心最重要，自己会什么东西也不必藏着，一起交流，互相促进。"

不久之后，胖子身边总是围满了人，大家都会跟他亲亲热热地打招呼。瘦子呢，仍然孤单一人，觉得很闷，渐渐不再喜欢钓鱼。

在日常生活中，我们不会经常听到"义"这个字，甚至以为它已经远离了我们的生活，但仔

暖心小语

人心就像一床棉被，只有你用自己的体温温暖它，它才会生出热度，帮你抵御寒冷。

细观察，"义"仍然存在于大多数人心中。与人为善是一种"义"，无偿地帮助他人也是一种"义"。"义"不必说出来，更无须着意夸奖，它会以最自然的方式作用于人际关系。重义的人身边自然会有很多朋友和仰慕者，他们看上去总是愉快的，反之，难免孤零零落单，遭人排斥。

"义"的高尚在于它的无偿性，这种没有目的的特性能使人与人的关系变得纯净温暖。人心有时就像一床棉被，你刚刚接触的时候，会发现它是冰冷的，如果你这个时候放弃它，那你和棉被就都是冷的。相反，如果你愿意用自己的体温温暖它，很快它也会生出热度，反过来帮你抵御寒冷。

需要注意的是，有些事不要挂在嘴边，特别是"义"这种概念更应放在心中。不论奉献爱心的义行还是援助他人的义举，做比说要好。如果整天把这些概念对别人说，别人难免觉得你太过矫情，只要记得为人要重大义，处世要有义心。始终将他人放在心中，他人自然也会惦记着你的好，所以义者不会孤单。

2. 开启心扉的钥匙，是信任

古时候，有个国王接到一个犯人的请愿书。这个犯人犯了死罪，他惦记家乡的母亲，想要回家见母亲最后一面，希望国王宽宏大量，能够给他这个机会。他向国王发誓，行刑当天一定赶回来受死。这封请愿书最后由一位大臣转交。

"你为什么要把这封信转给我？"国王问大臣。

"我认为一个孝顺的年轻人应该得到您的恩准。"大臣说。

"如果有一个人愿意代替他进到牢房，我就放他回家看母亲。"国王说，"难道你愿意为这个孝顺的人进牢房吗？"

"如果没有其他的人愿意代替他，我愿意这样做。"大臣说，"我相信孝子会讲信用。"

"如果他没有按期赶回来，那走上断头台的人就会是你。"国王警告。大臣表示同意，其他大臣都认为这个大臣疯了。而那个被放回家乡的犯人一直没有消息。转眼，就到了行刑的那一天。大臣却没有表现出后悔的神色，无所畏惧地走上绞刑台。

这时，犯人从远处飞奔而来，对国王说："对不起陛下，我回来时，路上遇到大雨，我好不容易才回到这里。幸好还来得及，请释放那位善良的大臣，现在我可以了无牵挂地走上绞刑台了！"国王听了感叹："你不但孝顺，还是个有信用的人，这样的人应该继续活着，我决定让你当我的秘书官。至于我那位慷慨的大臣，这样的气度，应该出任宰相一职！"

很多时候，人格不仅是内在的修养，还需要一个外在标度，在人的各种行为中，守信最被看重。就像故事中的犯人与大臣，大臣相信他人的信用，也要维持自己的信用；犯人为了一句承诺同样历尽艰苦。国王对两个人的重用，反映的正是人们对有信用的人的评价：他们值得信任，值得托付，不论何时都值得尊重。

中国古代有个叫季布的人非常讲信用，当时有人夸奖他"得黄金千斤，不如得季布一诺"，这就是成语"一诺千金"的由来。如果人与人之间没有诚信做纽带，那么人际关系将只剩下欺骗与相互利用，再也没有感情可言。所以，人们非常注重自己的信誉度，一旦被贴上"不讲信誉"的标签，他人就再也无法对他信任。

"信"是"义"的重要部分，答应过的事一定要做到就是信用。人无信不立，事无信不成。信用没有大小，最小的事，如约好了时间却迟到，也是不守信用的表现。即使是这样的失信，也需要检讨和道歉。唯有如此，才能养成自己守信的性格。凡事在一点滴积累，注重日常小节，才能真正成为一个懂得守信的人。

老贾是某工厂的车间主任，也是业务高手。厂长经常对人称赞："我们厂的老贾一点也不'假'，有了他，我从不担心厂里的事！"

去年，工厂遇到了麻烦，因为竞争对手的强劲打击，销售量出现下滑趋势，偏巧这个时候厂长生了重病。厂长对老贾说："老贾，我知道厂子现在效益不好，我把它暂时交给你，你帮我看着，等我病好了立刻回去。"老贾郑重答应了卧床的厂长。

厂里的效益连连下降，不少人跳槽，也有人劝老贾："别在这个厂子耽误时间了，这个厂子的产品早就没有市场了，又没有生产新产品的机器，而且连资金都没有，这个厂子早晚会倒闭。你年纪这么大，应该趁还有精力，赶快跳槽。再过几年你也不值钱了。"

老贾不为所动，他说："既然我答应了厂长，就算倒闭，我也要撑着。"很多工人被老贾感动。半年后，厂长身体康复，重新整顿了工厂，贷款买了新设备，终于使厂子起死回生。厂长说："这家厂子还能存在，最

暖心小语

人无信不立，事无信不成。

大的功臣不是我，是老贾，老贾不假！"

信用是无价的财富。信用就是"不假"。在生活中我们不难发现，不论是厂商、商店还是饭店，越是大型的企业，越重视自己的信誉，不论哪一个环节出了问题，他们一定会在第一时间采取补救措施，力图使影响变得最小。因为一个品牌得到信誉靠的是日积月累，但一个微小的疏忽换来顾客的质疑，这个品牌的生命力就岌岌可危。

做人也是如此，每个人都应该有自己的"品牌"，你可以张扬个性，但不能失去信用这个原则，否则就是无耻小人。信用代表真实，失信代表虚假。人与人的关系不只靠感情来决定，有时也靠信用来决定。就像上面故事中的老贾，他能够得到旁人的尊敬，就是因为他能够放弃一己之私，完成别人的托付。因为有信用，他的名字就是一道牌子。

诚信是一张通行证，不仅可以伴随你闯过事业的门槛，还能对你的人生大有助益。一个讲求诚信的人处处都让人信赖，因为别人放心他的人格，也就能够安心地与他共事、与他交往、对他倾诉肺腑之言，相交莫逆。

信用也与一个人的心性有关，因为它能够让你通向别人的心灵深处，让你能够更加真实地认识他人、认识世界，自然也就看得透。而有信用的人不会为他人的行为更改自己的内心，这就是定性。

3. 流淌信任的清泉

一位智者接到万里之外的家书，家人说他的侄子性格顽劣、行迹浪荡，不管家人如何劝说，依然不务正业。家人希望智者回来劝劝这个侄子。

智者接到这封信后即刻启程，赶回家乡。家人团聚，欢天喜地，侄子特意邀请智者在自己家中过夜。晚上，智者对侄子说："我接到家书，原为来劝你浪子回头，但我今日看你性格热诚、生性憨实，并不是奸邪之辈，可见众人误解了你。我明日一早便要回返，你要保重自己。"侄子连连点头，连夜为智者准备行李。

智者回来后，又接到家书，家人说侄子脱胎换骨，如今再也不做过去的浪荡之事。

什么是真正的"信"？这个字应该看两方面，不但要让他人信任，还要信任他人。人非圣贤，孰能无过？每个人都有犯错甚至荒唐的时候，但一时的错误并不等于一辈子的错误。就像故事中的智者，对顽劣的侄子没有说教，只是以自己的行动告诉对方："我相信你的人格。"就是这种无言的相信让犯错的人反省自己，引导人走向正途。

相信他人的悔过，就等于给别人一个改正错误的机会。人人都会有错误，有些人不知道自己有错，这时候你提醒他，是一种信任；有些人知错不改，你指正他、相信他，仍然是信任。信任是对他人人格的最大尊重。如果你信任一个人，即使只是一句言语，也会给人以巨大的力量，让他相信自我，欣赏自我，进而超越自我。

森林里的狐狸经常有小偷小摸行为，不是偷鸡就是偷粮食。森林之王狮子将它训斥一顿，然后说："为什么你就不能洗心革面？难道你不想堂堂正正地生活？"

狐狸惭愧地低下了头，它在所有动物面前发誓，今后一定不再偷窃。

新生活的道路是艰难的，动物们早就把它当成惯犯，谁也不肯相信它。它去花园赏花，猫以为它要偷架子上的葡萄，大喊大叫；它去河边洗脸，鸭子以为它要偷鸭蛋，紧张地盯着它……狐狸在这些怀有敌意的目光下，渐渐开始绝望，决心再干自己的老本行。

它准备先偷一只鸡填饱肚子。刚刚打定主意，就看到一只小鸡正在路边哭。狐狸走过去，小鸡说："狐狸先生！太好了，遇到了您。我迷路了，你愿意送我回家吗？"

看到小鸡信任的眼神，狐狸觉得很自豪，它立刻打消了吃掉小鸡的念头，将小鸡平平安安地送回家。

暖心小语

信任是清泉，能够洗涤他人心中的污垢。

对于那些思想不够坚定的人，行善还是作恶有时候是一瞬间的事，身边的风气好，总有人倡导为善，自然无从产生恶念。但如果本身就有前科，身边的人还不信任，很容易旧病复发，一错再错。有时候一个人的人格想要建立，需要旁人的帮忙，最好的帮助就是信任与认同，就像故事里的狐狸，感到小鸡真诚的信任，立刻就有了力量。

信任是清泉，能够洗涤他人心中的污垢。我们每个人都不完美，在灵魂深处，都有些不为人知的污浊念头。有些人喜欢贪小便宜，遇事就想占点便宜；有些人喜欢造谣生事，听到闲话就想推波助澜……但是，在一双信任的眼睛面前，他们却会收回自己已经伸出去的手，闭上自己已经张开的嘴巴。因为他们知道不能辜负别人的信任，一旦破坏了自己的形象，这种信任就会荡然无存，从此再也得不到他人的信任——对他人的信任，无疑是对他的一种监督。

修心的人能够坦然地相信他人，即使是骗过自己的人，他们也不吝惜自己的信任，愿意一次又一次给他人机会。他们相信每个人都有自己的不得已，才会欺骗，才会做坏事，只有他人的信任才能让他们重新审视自己的心灵，完善已经有了缺失的人格。重义者要有一颗宽容的心，要相信世界上更多的人和你一样，愿意给予信任。既然他人的信任曾经给过你笑对人生的自信，你也要用自己的信任给人以力量，给人以追求。

4. 心端正了，路就不会弯曲

一位智者在和三个弟子谈心，他让弟子们分别说一说各人做过的最自豪的一件事。

大弟子说："我对自己最自豪的事是察觉我是个不贪心的人。有一次，有个异国的商人将一袋珠宝放在我这里，他并不清楚里边究竟有多少珠宝。

而我原封不动地还给了他，没有拿他一分一毫。"智者说："这是一个人应该做的，你如果暗中拿了他的宝石，你现在会是个什么样的人呢？"

二弟子说："有一次我救了一个落水的小孩，他的父母拿出厚礼谢我，我分文不取。我认为自己是一个仗义的人。"智者说："这是你应该做的，假如你见死不救，你会良心不安。"

三弟子说："我一直很自豪我是一个仁慈的人。有一次，我看到一个人就要掉入悬崖，我将他救了起来——这个人是我的仇人，他一直在背地里中伤我，还害过我很多次。"智者说："以德报怨，的确是值得赞扬的事。不论是难做的，还是易做的，只要不违背自己的良心，都是可贵的，你们三个都有可贵的品质。"

存大义的人必有良心，良心也可以称作良知，是那种被社会认可、被舆论接纳、被自己承认的道德行为准则。这个故事中的三兄弟，他们的作为都是发自自己的良心，都应得到赞誉。一个人做该做的事，不忘良心，才不会有过失；做原来不易做到的事，就更能彰显良心的光芒。其实，在我们的生活中，良心比任何东西都可贵。

一个有良心的人不会侵害他人的利益，因为他会时时提醒自己他人的存在，他人的不易。良心常常与善良相连，不忍心看到他人遭遇不幸，不忍心置困境中的人于不顾，也不忍心让他人陷入危险。有良心的人很少做坏事，因为他们过不了自己这一关，他们害怕会受到良心的谴责，内疚后悔，不得安宁。

良心能够维系人与人之间的感情。社会生活中，人们常常呼唤良知与奉献，法律固然是社会得以正常运转的基础，但人们如果仅仅依照法律条文，不做违法的事，也不在别人需要帮助的时候"多管闲事"，这个社会就会变得麻木而冷漠，生活在其中的人也会渐渐变成有血有肉的机器人。

一位智者和他的弟子在雪地里行走，弟子惊奇地发现，智者的脚印印在雪地上，是一条笔直的线，而弟子们的脚印却歪歪扭扭。他们问："师父，为什么你的脚印是直的，我们的脚印却是歪斜的？"

智者说："那是因为我走路时一直看着远处的那座山，有了这个目标，路就会变得笔直。而你们走路时心有旁鹜，东看看西看看，自然就会歪歪斜斜。"

看到徒弟们若有所思，智者继续说："还有人走路只盯着自己的脚，走歪了路还不自知。如果没有固定的目标物，人很容易就走上歪路。"

听了智者的一番话，徒弟们按照智者的说法走路。果然，他们的脚印变得笔直而整齐。

有经验的人常常奉劝后辈："人不怕走错路，最怕走歪路。"错路有回头的余地，而歪路却能让人麻痹大意。因为一直在同一个方向行走，人们察觉不到自己已经有了偏差，继续走下去，偏差越来越大；走得越远，错误就越大，这就是人们所说的"失之毫厘，谬之千里"。

人生的路程也容易出现偏差，因为我们的心不是时时刻刻都能端正。我们常被外界迷惑，灯红酒绿，纸醉金迷，这些都能使我们本来笔直的心开始歪斜，想要放纵自己。如果一个人没有原则和底线，极易在诱惑之下迷失自我。

暖心小语

人不怕走错路，最怕走歪路。只有心中树立了目标，路才不会有偏差。

如何才能让双脚走得笔直，让心境始终澄明？故事中的智者说出了答案："要确立一个目标。"这个目标是什么？就是我们对人对事的良心、为人处世的原则。修心的人的心中始终都有这样一个准绳，就是凡事不违背自己的本心，与自己的良心相违背的，就算有巨大的利益也不会去做；而那些与原则符合的，即使让自己为难，需要做出牺牲，也要义无反顾。现实生活中，我们大多不会遇到"舍生取义"的机会，所以才更要从点滴小事上注意自己的道德积累，唯有如此，才能成为一个受人尊敬的人。

5. 助人为善，懂得感恩

　　古代印度有个国王，他和王后只有一个儿子。这个儿子性格孤僻，整日愁眉不展。国王和王后为了让儿子高兴，供给儿子最精美的衣物、器具、饮食，可儿子仍然闷闷不乐。

　　这件事急坏了这对夫妻，国王找来全国最有名的智者，请他帮助王子。智者听了情况后对王子说："我这里有一个获得快乐的秘方，你如果按照上面说的去做，就能变成一个快乐的人。"王子听了很感兴趣，对智者说："我希望能得到您的秘方。"

　　"这个秘方就是——每天做一件帮助别人的事。"智者说。

　　王子决定实行这个秘方，他每天走出王宫，看看有没有需要他帮助的人。有时候，他帮农夫耕地；有时候，他帮花农锄草；有时候，他帮牧民牧马……喜欢王子的人越来越多，王子的朋友也越来越多，他的笑容也越来越多，很快，他成了一个快乐的人。

世事难两全，有阳光就有阴影，优越的生活环境会造就一个人优秀的能力，也能让一个人的心灵产生空虚。当一个人觉得自己什么都有，却又什么都没有的时候，抑郁便不请自来。故事中的王子无疑是个忧郁少年，智者给他开的药方是帮助他人，让他人快乐。

也许我们都和忧郁王子一样掩不住心中的疑问："想要快乐难道不是要从自己身上做文章？为什么要帮助他人？"我们只知其一不知其二，人们保持快乐的方法有两种，一种是自娱自乐，一种是让他人开心，自己也享受到快乐。一个人的快乐只有自己知道，是偷着乐；帮助别人后却能享受着他人感激和钦佩的眼神，这时候心中升起的是虚荣心也好自豪感也罢，那飘飘然的感觉让我们立刻找到了自己的价值，认可了自己的能力。

有一个年轻人，大学毕业后回农村继承父母的杂货店，做着普通买卖。他没有什么特长，只有一个特点：脾气好。他的朋友中，有的人性子暴躁，经常大呼小叫，惹是生非；有人嗜酒如命，常常喝得烂醉如泥；还有人孤芳自赏，常常看不起他人……这些人却把年轻人当作好朋友，因为年轻人经常在他们急眼的时候规劝，喝醉的时候搀扶，刻薄的时候一笑了之。人们都不明白年轻人为什么要交这样的朋友，年轻人却说："每个人都有优点和缺点，交朋友看的是自己喜欢的那部分，当然也要容忍别人的缺点。"

后来，年轻人的朋友越来越多，人缘越来

> **暖心小语**
>
> 种善因，才会得善果。帮助别人，别人才会帮助自己。

越好。当他开始做别的生意时，朋友们有钱的出钱，有力的出力，他的生意一帆风顺，成就了一番事业。

对自己的要求要严格，对人的要求不用太多，如果只盯着别人的缺点，世界在你眼中一塌糊涂，根本没有乐趣可言；如果总是发掘别人的优点，世界就变得情趣盎然，随时随地都有快乐。与人交往不必计较那些不合自己心意的地方，即使是自己不喜欢的人，该帮助的时候不能推脱，这才叫心胸开阔。更重要的是，你要行得正、做得直，让人信服。

常言道："多个朋友多条路。"当你好心好意帮助了他人，多半会结交一个或多个朋友，因为大家觉得你仗义，想要与你接触，更愿意在你有困难的时候报答你。你的朋友越多，无形中就得到了很多帮手，说不定哪一天，当你为一个难题愁眉不展时，有个朋友一拍大腿说："这事儿我最擅长！我帮你！"互相帮助的人通常能够成为好友，即使不是朝夕相处，至少也能心领神会，帮助他人就是广结善缘。

在修心者看来，帮助他人就是结善缘，他们笃信善缘会有善果。你真诚地帮助别人，是善行，是义举。你的善举会招来一些欣赏你、与你志趣相投的君子，他们愿意扶助你、与你分担喜悦艰辛，而你也会一一记得，一一感恩。于是善缘善果不断，你的人生自然会比他人更平顺、更舒心。

6. 分享微笑，全世界都在笑

一个自私的弟子犯了错误，智者决定惩罚他，派他去一块丰硕的土地挖红薯。弟子没想到会有这么个美差，兴高采烈地在地里挖出一个又一个大红薯。

"师父，犯了错应该受罚，你这哪里是惩罚他？"其他徒弟说。

"我就是在惩罚他，等会儿他回来，你们谁也不要理他，谁也不要与他说话。如果他跟你们打招呼，你们看也别看。"智者说。

晚上，犯错的弟子背着一筐上好的红薯回来，他很想和人炫耀一下自己的收获。没想到，其他的弟子们看也不看他一眼，他和人打招呼，别人充耳不闻，好像他这个人并不存在。弟子越来越别扭，越来越难受。智者对弟子们说："快乐的心情无法与人分享，就是最大的惩罚。"

人们为什么害怕孤单？是害怕困难的时候没有人帮助？事实上帮助只是辅助，多数时候我们都要靠一个人的力量生存发展；是害怕难过的时候无人安慰吗？自己的痛自己最清楚，就算没有安慰我们依然有坚强的品格……我们真正害怕的并不是一个人做什么，而是做到了什么没有人分享，就像故事里的弟子看上去幸运，收获的却是煎熬。

人生需要分享，没有人分享的人生，哪怕面对快乐，那也是一种惩罚。不会与别人分享，最终的结果是自己也享受不到。快乐分给大家就会成倍地增加；悲伤有人承担，伤心也会成倍地减少。相反，如果独自一个人沉浸在伤感的情绪中，只会落得郁郁寡欢。不论是成功还是失败，有人分享，快乐就会加倍，失落就会减少。他人的陪伴能够让你宽心，让你坚强。

什么样的人总是拒绝分享？除了自闭症患者，一种是自私的人，一种是亏心的人。自私的人害怕别人分到他的好处，总是藏着掖着，生怕别人觊觎，事实上他们的成就别人并不放在眼里；做了亏心事的人更无法与他人分享，他正被自己的良心指责，更害怕他人知道自己的秘密，从此有损个人形象。这两种人只能在自己的世界里，前者小心翼翼，后者鬼鬼祟祟。

一家公司的大老板即将迎来自己的第 50 个生日，他是个事业有成的男人，但妻子早已跟他离婚，孩子在国外上学，公司的员工们象征性地送他礼物，他身边没有多少朋友，生日当天，他一个人坐在客厅里喝酒。

这一天本来是值得骄傲的一天，他牵线研发的新产品打入了国际市场，反响非常好。在公司，他踌躇满志，给所有参与研究和销售的员工发了奖金。但回到家，他却不知该向谁述说自己的喜悦。他坐在客厅反思自己，他是个暴躁的人，经常乱发脾气，身边的秘书换了不知道多少任。他知道不是别人有问题，是他自己个性太孤僻。究竟什么时候，能结束这种孤独的状况呢？他喝了一杯又一杯，却没有人告诉他答案。

暖心小语

懂得分享，才能为幸福加分。

值得骄傲的人生不一定是幸福的人生，也有可能充满失意和痛苦。当喜悦的时候端起酒杯，对面却无人愿意和自己干杯，这样的感觉不只是孤独，更是悲凉。故事中的老板到了 50 岁，身边却没有一个愿意与他分享人生的人，就算借酒浇愁，又能浇开多少苦闷？

修心的人一向倡导做人不能太"独善其身"，要注意与他人的交流与分享。一个善行如果没有人接受，就不能成为善行。在生活中，我们要有一种与他人分享的心态，特别是那些积极有益的事，更要经常惦记他人。这其实也是一种"义"。所谓"义"，简单地说来其实就是把坏的留给自己，好的留给他人。

时时刻刻保持一种分享的心态，就像你一个人在夜路上行走，抬起头看到满天灿烂星斗，你觉得很美，这时候如果你能告诉身边的人，才能真正觉得快乐。相反如果身边没有人，你只能自言自语，再多的星星也并不能让你快乐。学会分享，当你一路跋涉，忍受孤苦艰辛，知道前方有人等待着你凯旋时，你才会得到力量，明白旅途的意义。

7. 善良，让爱洒满人间

有个姑娘护校毕业，被分配到一家大医院。她成绩优异，很快就成了护士中的佼佼者，后来又成为护士长。她经常给新来的护士讲自己的经历：

"我实习的时候，是个不懂事的孩子，以为当护士只要做好本职工作，拥有优秀的技术就行。有一次，我护理一个病人，病人问我他究竟生了什么病，我认为病人有权利知道自己的病情，就告诉他是肝癌晚期。带队医生知道后严厉地批评了我，他说医生和病人的家属都知道病情，为了让病人有开朗的心情，他们都没有告诉他，希望他能在良好的感觉中走完生命中最后一段路。

我将真相告诉了病人，病人整天忧愁，病情更重，很快就去世了。我将这件事告诉你们，是希望你们能有一颗为人着想的心，时时刻刻为病人的心情考虑，这样才不会做出让自己后悔的事。种下善因，才能收获善果，如果种下恶因，只会让自己后悔。"

什么是善意？善意不是单纯的好心，机械的重"义"，若不能体会别人的心情，只按照自己的意思行事，就算是好心也会办错事。就像故事中的护士，她以为自己做得对，却造成了一个生命的过早离世。

想做个善意的人，首先要对他人心存善念。据说成功大师卡耐基小时候常做坏事，他的母亲却认为小孩子的教育在父母，坚持说他是个好孩子——这就是以最善良的目光看待他人，即使他人有缺点，也要看到闪光的一面、有潜质的一面。

有善良的眼光还不够，还要有善良的行为。不要按照自己的观念去想别人，而要看别人需要什么。设身处地考虑到别人的心情，才称得上真正的善待；否则就像对一个聋哑人唱歌，你的本意是安慰他的伤痛，他却认为你在讽刺他，贬低他。

暖心小语

善心生善行，善行种善因，如果每个人都能如此，世界便会充满大爱，暖若三春。

一位大官六十大寿，达官显贵们都来庆祝。有个与大官交好的商人也来庆祝，他送上贺礼，那贺礼是一幅名家牡丹图，珍贵的丝绢上，一朵朵牡丹栩栩如生，令人惊叹。

在古代，商人一向被人瞧不起，有个官员故意挑刺，指着牡丹图说："奇怪，这牡丹花画得是不错，怎么最上边那朵只有一半？这画不全，不就是'富贵不全'的意思吗？真不吉利。"商人一看，牡丹花果然缺了半朵，只好检讨自己不够认真。

主人听了以后哈哈大笑说："牡丹代表富贵，半朵代表'无边'，这幅画的寓意就是'富贵无边'，这真是一幅好画！"在主人善意的解说下，商人紧皱的眉头才渐渐松开，宾主尽欢。

每个人个性不同，有人心细如发，有人粗心大意。粗心的人做事往往考虑不周，有时会得罪你，有时会耽误你，这个时候如果急躁起来，伤害了他人的美意，也显得自己不够体谅别人。故事中的商人送了一份残缺的牡丹图，旁人看着晦气，主人却知道商人的本意，一句"富贵无边"既保住了朋友的面子，也显示了自己的豁运。

及时察觉别人的善意，是人际交往重要的一部分。有时候善意不一定以你想要的方式到来，比如你做错事想要一句安慰，朋友却对你当头训斥一通。这个时候你应该知道朋友的本意是怕你下次继续犯错，千万不要计较善意的形式，最难得的是有人肯关心你，提醒你。

在现实生活中，与人为善即为义。如果我们都能以善意的眼光看待身边的人，生活中不知会减少多少纷争和误会；如果每个人都愿意善待身边的人，我们就会终日生活在温暖的关爱中。一个懂得修心的人不需要要求别人什么，他们明白最重要的是自己的行为，善心生善行，善行种善因，如果每个人都能如此，世界便会充满大爱，暖若三春。

8. 一个知己，诠释着一份美丽

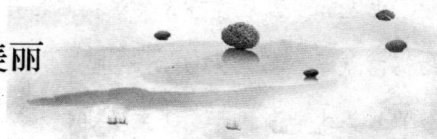

古时候，管宁和华歆是一对好朋友，他们二人每日一起读书，关系十分亲密。

有一次，管宁和华歆在花园里锄地，刨出一块金子。管宁对金子视而不见，华歆却捡起来细细观看，露出贪婪的神色。他见管宁不说话，连忙将金子扔掉说："君子不爱财。"

又有一次，管宁和华歆一起坐在席子上读书，外面传来一阵喧哗，是一位大官的车队经过。华歆立刻扔下书本，跑到门外观看大官的排场，十分艳羡。他正想回头让管宁一起来看，却看到管宁拿出一把刀，将他们坐的席子从中间一分为二。

"你这是在做什么？"华歆问。

"道不同不相为谋，我们追求的东西不一样，从今天起我不再是你的朋友。"管宁回答。

"管宁割席"是我国有名的历史故事，生动地说明了何谓"道不同不相为谋"。管宁选择朋友的标准很严格，他希望自己的朋友不仅仅是个书生，还是个不醉心于名利，不贪恋于富贵的君子。友谊的最高境界是一曲《高山流水》，如果是污浊的小溪，哪里会与巍峨的高山相交相惜？交友如此，对待生活中形形色色的人，也要有基本的原则。

人以群分，想做一个重义的贤者，就要结交那些心地磊落、行为端正的君子。跟这样的人在一起，耳濡目染，日子久了自然心领神会。看到的、想到的都是高尚的，自己做起来就不会偏离。如果整日与小人为伍，自己也会成为苍蝇群中的一只，藏污纳垢，渐渐失去本心，变得污浊不堪。更可怕的是，你未必能察觉到自己的改变。一个人若想远离堕落，就要远离那些行为不检点、品德不过关的人，否则有百害而无一益。

　　一头驴子和一个金色的铃铛成了朋友，铃铛就系在驴子的脖子上，驴子走路的时候，铃铛就发出清脆的响声和它说话，它们每天都很快活。当驴子拉着沉重的货车返回村主时，铃铛会故意发出很大的声音，让周围的人都看过来。人们发现驴子勤勤恳恳在劳动，都忍不住夸奖："这真是一头好驴子！"驴子很喜欢这个朋友。

　　一次，驴子看到菜园里的青菜冒出头，它吞吞口水，把头探进菜园，想要吃点鲜嫩的叶子，没想到铃铛突然大声叫了起来。菜园主人听到声音，拿着一条皮鞭冲了出来，将驴子打了好几下，驴子慌忙逃跑。

　　跑到安全的地方后，驴子埋怨铃铛："你真不够朋友！怎么能提醒别人来打我！"

　　"朋友相处要有原则，我这是为你好！"铃铛严肃地说，"好朋友固然要帮助你，在你犯错误的时候，更应该提醒你！"

暖心小语

有美德傍身，有知己相伴，这样的人生永远不会孤独。

　　有人说最难说的话就是真话，因为真话有时伤人，说出口就会得罪人。故事里的铃铛在驴子犯错误的时候大叫，让驴子恼怒，但真正关心你的人不怕得罪你，如果因为别人的一句实话就大动肝火，只能说明你的心胸太过狭窄，没有雅量，更没有进步的可能。

人与人的关系有时厚如棉，有时薄如纸。很多人碍于情面，从不给你提意见，对你的缺点视而不见。这样的人也许会让你感到舒服，对你却没有什么好处。真正关心你的人敢于坚持原则，他们不会因为你的喜好而退步，更不会放过你的错误。只有和这样的人在一起，接受他们的监督和教诲，才能不断完善自我——比起得罪你，他们更怕你今后吃亏，这才是真正的关心。

修心者重视和谐的人际关系、高尚的交流氛围。他们与人交往，在乎他人的品性，也会主动远离那些举止有违道义的人。因为他们知道心灵如同一面镜子，上面纤尘不染，看到的便是完整的自己；如果上面污浊不堪，看到的只是一团黝黑。一个人自己要重视大义，修养品德，更要结交那些令名君子。有美德傍身，有知己相伴，这样的人生永远不会孤独。

9. 敞开心灵的窗户

生活中难免会遇到各种各样的烦恼，这些烦恼多得就像是沉淀在水底的泥沙，所有人都不希望烦恼跟随着自己，但往往它就这样莫名其妙地找上门来，躲也躲不掉。你越是厌烦，想要把它赶走，它就越是紧紧黏着你不放。因为在你的心里，你始终没有将这些烦恼放下，而是一直牢牢地抓着它不放，将自己束缚住，最后导致你的生活被弄得一团糟。如果你肯放下这些烦恼，想开一些，那么它自然也就会离你而去。

这世间的一切烦恼都是来自于我们的心里，所有悲哀喜悦的源头也都在心中。当我们在面对同样的人、事、物和环境时，你是选择烦恼还是选择开心，其实都是由你自己去决定——只要你能做到敞开心怀，坦然地去面对一切，那么你心中的各种阴霾就会被一扫而空，得到最终的轻松和喜悦。

古语有云"境由心生"，其实说的就是：你所面对的人和事，你生活在什么样的环境下，都是根据你的心而来的。你吸引什么，你就会遇到什么。所以说，当你想要改变自己所处的环境，首先要做的就是改变自己的内心世界。

接连下了好几天的倾盆大雨，似乎没有停下来的意思。有那么一个人，非常讨厌这样连续不断的雨，于是就站在院子中央，指着天空开始大声咒骂："呸！你这个不长眼睛、稀里糊涂的老天，下起雨来就没完没了了，你看不见大雨把我害得有多凄惨吗？屋子里面不停地漏雨，衣服全都湿了，家里到处都是雨水，刚收的粮食也被雨水泡了，木柴也都湿了，你看看你把我害得有多惨，这样对你到底有什么好处？你到底还要下到什么时候才肯停下？"

这个时候，路过的风对他说："你骂得这样起劲，完全不顾自己站在雨中被淋湿了，老天肯定被你骂得吓坏了，以后肯定也不敢再随随便便下雨了。"

"哼！它要是真能够听到那就好了。"骂天者气呼呼地大声回答。

听他这么回答，喜欢打抱不平的风就觉得有些过分了，于是就回头对老天说："喂，你没听到下面有人在大声骂你吗？你下雨应该是为了救活那些干渴的庄稼，可是如今却因为自己的私利连累了他人受害，从而怨恨你，你这样做真的是不应该啊！"

突然，只听空中传来一声沉闷的声音，老天回答说："我不可能去满足这个世上所有人的要求，住在热带地区的人整天骂我太热，烤得他们非常难受；住在寒带地区的人又骂我小气，不肯给他们多一点的阳光照射；住在温带地区的人倒是一年春夏秋冬都享受了，可是他们又骂我春天风沙不断，秋天阴雨连绵。对于我来说，这些骂声我早就已经习惯了，我也管不了那么多，只是全心全意尽自己的职责就可以了。"

风听完这些话以后深受感动，于是就对骂天者说："你听着，老天不想听也没有时间去听任何人的指责谩骂，所以你站在这里大声骂也是没有任何作用的。"

骂天者一听既然如此，觉得自己完全没必要在这里白费力气，所以就默默走开了。

生活中像这样不称心的事情时时都有，如果我们对此只是一味纠结，那么就犹如作茧自缚，得不到解脱。这个时候，不妨敞开心怀，打开自己的一扇心窗，拥有像天空这样广阔的胸怀，生活也就自然会多一些欢声笑语，而少一些烦恼忧愁。

用伤害再去回应伤害，只会让伤害越来越深，最终死死纠缠在一起成为一个打不开的死结。唐伯虎有句话就说得非常好："冤家宜解不宜结。"很多时候，当我们在遇到一些事情的时候，不妨先各自回头看看，敞开心怀多宽容一些，那么也就自然会收获到轻松和快乐。宽容就好比人的一双灵巧的手，可以很容易地就解开伤害这个死结。敞开心怀吧，不要再纠结于内心的那些烦恼，将自己的内心紧紧束缚住，要知道心宽

暖心小语

敞开心怀，坦然面对一切，心中的各种阴霾才会被一扫而空，得到最终的轻松和喜悦。

才会地广，才会在人生的旅途中随处可见美丽的风景。

查理和亨利是邻居，生活在美国的一个小镇上，但他们之间的关系并不友好。虽然谁都弄不清楚到底是什么原因让两家的关系变得如此糟糕，但有一点是可以肯定的：他们彼此之间并不友好和睦。如果非要说出个原因来，那就是他们不喜欢对方，可又都不明白到底不喜欢对方哪一点。

查理和亨利两家经常会因为一些小事发生一些争吵，即便夏天在后院开除草机除草时，车轮常常会碰在一起，但往往这个时候，他们都不会理睬对方。

有一年的夏天，查理和妻子外出旅游去了。刚开始的时候，亨利和妻子并没有发现他们不在家。有一天的傍晚亨利在除完自己家院子里的草的时候，发现查理家院子里的草已经长得很茂盛了。

所有路过的人都能一眼看出查理和他的妻子出远门了，而且离开的时间也不短了。亨利心想：这样一来，不是很容易招惹小偷过来吗？然后，一个想法迅速地出现在了他的脑海里。

"每一次我看到那些长得一分茂盛的草坪，就会非常犹豫，我真的不想去帮助我不喜欢的人。"亨利轻轻地说，"虽然我已经非常努力地从脑海中抹去帮他们除草的想法，但应该帮忙的想法却怎么也挥之不去。于是，我在第二天的时候把邻居家的草给除好了。"

"一个星期以后，查理和妻子旅游回来了。他们回来没过多久，我就看见查理不停地在街上走来走去。他在我们这条街上每家门前都停留了不少的时间。"

"最后，查理过来敲了我家的门，我打开门以后，发现他站在门外，用一副十分好奇的表情看着我。过了一会儿，查理才开口对我说：'亨利，是你帮我除掉院子里的那些草吗？'在我的印象里，他是第一次称呼我为亨利。

'我问了这条街上的所有人是谁帮我除的草，他们都说不是自己，杰克说是你帮我除的，是这样的吗？'他的语气里面含有一丝责备的意思。"

"'是的，查理，的确是我做的。'我带有一丝挑战语气回答，我以为他会对我发火。可是，让我意外的是，查理低着头犹豫了一下，像是想要说些什么。直到最后，他才用非常低的声音对我说了一声'谢谢'，说完以后就立刻离开了。"

就这样，他们之间打破了以往的沉默和不和谐。从此以后，两家人的关系也变得越来越和睦。

其实，很多时候，只要我们肯敞开自己的心怀，一切都会有所改变。不管是朋友之间，还是同事、邻里之间，都是一样的道理。有的时候，横在我们之间的，只是那一个小小的心结。我们需要做的，就是不要束缚自己的心灵，放下纠结，敞开心灵的窗户，放宽心态，那么什么问题都会迎刃而解。

每个人都应该拥有宽广的胸怀，敞开自己的心怀，去拥抱生活中所拥有的和即将要得到的一切。如此一来，你就会发现自己的生活变得越发幸福和快乐。

第四章
一树花开艳丽，一心简单自由

雨落湿人心，风过吹人醒，若生命是一幅水墨丹青，岁月带走的只是一笔留白。当生活的风再也吹皱不了心头的那池春水，才是真正的看淡。

1. 一朵花只是剪影，一园花香才是风景

有时候人们会觉得空虚，明明自己有很好的生活、很高的地位，却觉得心灵空荡荡地悬在半空，没有着落。如果做出成绩没有亲近的人祝贺，遭遇挫折没有友善的朋友协助，人生就只有孤独和跋涉。而有了喜悦能够和人分享，有了痛苦有人愿意分扫，就像海上的船能看得到港湾，这样的人生才能让人心安。

心安者不独。在汉语上，"独"字代表单一和孤立，人生漫漫，我们需要他人，这种"需要"并非功利性质，否则一切照顾都可以用金钱买到，何来感情？我们需要的是他人对自己真心的对待，特别是在生病时、伤心时、彷徨时，他人的关怀就尤为重要。金钱可以买到很多东西，但买不来真情真

意，所以重情的人淡泊名利。

村里有位年近七十的老大爷，平日酷爱养花。有一次，老大爷的儿子给老大爷寻找到好品种的菊花种子，第二年秋天，老大爷的花园里开满了美丽的菊花，香味一直飘到村头。老大爷经常在花间漫步，有时喝上一杯酒，很有"采菊东篱下，悠然见南山"的感觉。

村里的人看了心生羡慕，都来向老大爷讨要菊花，想要移植到自己家中。老大爷很慷慨，只要有人来要，必然挖出开得最好的送给那人。没过多久，一花园的菊花送得干干净净。老人的院子里只剩下一堆土，但他仍然每天散步喝酒，飘飘若仙，村里人看了都称赞他。

老大爷的儿子回来看老大爷，只见花园里没有一朵花，他奇怪地问："怎么，我送你的菊花种子不能开花?"老大爷说："怎么不能开花，你难道没看到，村子里每家每户都有你送的菊花。"儿子仔细一看，果然，每家每户都开着菊花，村子里飘着清雅的菊花香气。

淡泊名利的人能够活得惬意，他们心中，感情就如花香，不必限于自己的园子，将它放在更多的地方，就会让更多人享受到一份怡然。故事中的老人不计较个人的得失，他明白好花要由众人一同欣赏，一个园子的花香只是剪影，一个村子的花香才是风景。

放下执念，便能明理，因为把名利看淡，注重的便是人生的那一份快慰。很多事可以自己做，但如果和他人一起做，进度就格外地快，

暖心小语

有了喜悦能够和人分享，有了痛苦有人愿意分担，这样的人生才能让人心安。

感觉也格外地好。享受彼此扶持的那份情谊，也享受了两心相安的依靠感，这样的人生才会格外踏实温暖，让人留恋。

重情的人不会被他人孤立。你看重什么，自然会着意维系，不会冷眼看着他人遭受厄运，也不会损人利己，只顾自己的名利。不必说富贵如浮云，这样说的人未必做得到；也不必感叹人情冷暖、世态炎凉，你的水温应该由自己调节。将那些身外之物看淡，体会和把握人世间的真情，如此心境才能安稳，生活才有真正的滋味。

2. 一生浮名，半生虚妄

众弟子请智者讲讲贪婪，智者说："与其我来讲，不如让你们看看实际的例子。"

智者带着弟子们到一个城镇，他对一个乞丐说："这位施主，我会问你一些问题，如果你如实回答，我会送给你500钱作为答谢。"乞丐高兴地答应了智者。

"请你回答我，如果你有了这500钱，你会用来做什么？"智者问。

"我要去对街的饭店好好吃上一顿，然后再去美美地睡上一觉。"乞丐对智者说。

"如果你有一两银子，你会做什么？"

"我要买几件好的衣服，干干净净地走在大街上。"

"那如果你有 100 两银子呢？"

"那我就要买几间房子，再也不做乞丐。"

"如果你有一万两银子呢？"

"我就去做大生意，住最好的房子，再找个美女做老婆。"说到这里，乞丐已经乐得手舞足蹈了。

智者说："多谢，我的问题问完了，这是 500 钱，请你拿好。"

回去的路上，徒弟们感叹："人的欲望果然不能满足，难怪人们都说欲壑难填。"

贪如野火，名利害人。聪明之人知欲壑难填，所以远离欲望，而世间凡俗之人却总是利欲熏心，不知满足为何物。就像故事里的乞丐，最初的愿望不过是一碗饭，到了最后却想功名利禄事事齐全。他最后得到的也不过是一碗饭，名利富贵如南柯一梦，只能让人感叹。

我们只是凡人，做不到无欲无求，我们需要满足自己的生存需要，需要更好的生活条件让自己和家人身心愉悦，需要更高的地位证明自己的能力。适度的欲望对人有激励作用，这些都是正常的，应该的。但要知道满足欲望不是人生的全部，一旦欲望过了度，就会造成内心的极度不满足。人们会希望自己能够获得更多，为此苦心孤诣，再也不去想其他事。

过度的欲望是一把悬在头上的利剑，有人明知它的危险，却为了自己的享受铤而走险；有人无视它的存在，红着眼只想抓住名与利，直到被这把剑弄得遍体鳞伤。生活的快乐早已

暖心小语

人一旦虚荣，就会陷入物质的泥沼，无法脱身。

远离了他们，名利的火焰时时灼烧他们，他们备受煎熬，却再也不能挣脱。

徐华是都市一位普通的白领。这一年生日，她收到一份昂贵的礼物：一个有名品牌的手提包。这手提包抵得上徐华大半年的薪水，她十分开心地将礼物捧回家。

没想到，烦恼接踵而来。有了这个手提包，徐华认为自己不能穿太旧或质地不好的衣服来搭配，她只好动用存款买了一批衣服。渐渐地，她看着自己使用的物品也觉得不顺眼，只好依次提高物品的档次。渐渐地，她开始羡慕奢华的生活，几乎把全部的工资都用来满足她的物质需求。她痛苦地发现，一个手提包，竟然完全改变了她的生活。

心怀贪欲的人永不满足，他们的贪欲一旦被某个小事物触及，就会一发不可收拾。虚荣心在膨胀，被得不到的空虚感折磨，尽一切可能满足自己的欲望，却发现欲望是个黑洞，越填越深，越想越痛苦。所以就像故事中那样，一个手提包就能毁掉快乐的心情，甚至原本安好的生活状态。人一旦虚荣，就会陷入物质的泥沼，无法脱身。

被欲望捆绑的人，就如同着了魔一般每天都想着得到更多的东西，但他们只得到表面上的热闹，而不是真正的生活。他们追求的仅仅是生活的那个壳子，总想着让它漂亮一点，更漂亮一点，却逐渐掏空了它的内质。终有一天，他们会发现这个漂亮的壳子如此空洞，如海市蜃楼般只适合远远看一眼，根本不能居住；他们才会发觉长久的努力换来的只有疲惫与麻木，人生至此了无生趣，却还要守着黄金屋子继续过活。

淡泊之人懂得主动远离欲望，他们认为凡事适度就好，不会贪得无厌。

就像一顿筵席，他们不会紧盯着一道菜不放，而是酸甜苦辣都尝尝，这样一来五味俱全，营养丰富，自然就有好的身心状态。永远要记得虚荣不是自尊，要做物质的主人，而不是被它驾驭的奴仆。

3. 非淡泊无以明志

一个大四学生想要留在大都市，几经求职，都找不到合适的工作，他的心情越来越沉重。他的家庭贫困，不能为他提供充足的生活费，生计问题切切实实地摆在眼前。这一天，他在食堂闷闷不乐地吃着饭，这四年来，他最喜欢这个窗口的饭菜，几乎天天光顾。

食堂里没有什么人，窗口的老板坐下来和他闲聊。知道了他的困难，老板说："大学生不是找不到工作，而是眼光太高，很多工作都不愿意做。如果你真想找个活计，我可以提供你一个选择：我最近要回外地陪父母，这个窗口没人管，我看你人挺诚实，不如你来帮我管一管这个窗口，就是帮我给学生卖卖饭。我在外面还有几个饭店，如果你做得好，以后你也可以去工作。"

这个学生本来想拒绝，但想到老板是一片好心，自己又急需生活费，还是答应了这件事。起初，面对老师、同学、认识的学弟学妹惊讶的目光，他觉得脸上发烧。没过几天他就镇定下来，他慢慢地熟悉了这样的环境，做起这些事来也更加得心应手了。他准备在老板手下好好学习几年，以后自己也开个饭店。

大学毕业，就业是个难题，多数人希望留在大城市、进大公司、有大作为……追求这些"大"，是因为他们认为自己是天之骄子，不能不做大事，否则辜负了自己四年的学习。他们太过看重自身的一点成绩，追逐的不过是一点名利，无形中，他们对这个世界端起了架子。

每个人都会希望自己有端架子的实力，多数人却只有空架子。一旦他们看重了一点虚名，就站在架子上不肯下来。别人都在辛辛苦苦地为地基添砖加瓦，他们却坐在空架子上自诩自己高人一等，事实上那高度是空的，一有风吹草动，别人安享着结实的房屋，他们却在架子上摇摇晃晃，哆哆嗦嗦，后悔当初还不如放下身段，踏踏实实从基层做起。

名利是负累，过去的成绩会阻碍你的前进。不必总强调自己是什么样的人，有什么样的资历，重要的不是你曾经做了什么，而是你现在能做什么。太过强调自我的人，往往色厉内荏，被别人当成一只纸老虎，根本不放在眼里。那些懂得隐藏成绩，懂得把自己放低的人，才是真正的实力派，他们平日不声不响，却总给人意外的惊喜。

罗尼是一家小超市的老板，他是个和蔼的胖子，他给的工钱不多，但来打工的人都很喜欢他，因为他是一个没有架子的人。

安妮一直在这里打工，从大一到大三，她说她跟着罗尼先生学会了很多东西。当她刚来这个超市打工的时候，有一次她在收款的时候出现失误，导致顾客对她大骂。这时，罗尼先生很平静地对她说："如果我是你的话，我就对顾客道歉，和平解决这件事，因为不论谁是谁非，影响的都是自己的形象、超市的声誉。"

后来，安妮发现罗尼先生从不摆老板架子教训人，当他想要提出什么意见，总会以朋友的口吻说："安妮，如果我是你，我会……"这样一来，安妮即使做错事被批评，也不觉得难堪，反倒觉得罗尼先生是真心实意为自己着想，鼓励自己。再后来，安妮加入学生会，成为部门干部，她在工作中也像罗尼一样，果然与部员相处融洽，大家都夸她是个好"领导"。

架子和面子是两回事，一位经理应该有经理的威严，维护他的面子，但不一定总是摆出高人一等的姿态，总训斥他人。故事中的罗尼先生在批评他人时，注意交流方式，不给人脸色，不让人难堪，即使是批评，也让人感觉到温暖与关心。这样的人得到员工真心的喜爱和敬重，更有面子。

有人做事喜欢端着架子，俨然把自己当成一个人物，以为这样就能不被人小瞧。事实上你端着架子，未必让你看起来有多少丰功伟绩，反倒伤害了你与他人之间的感情，容易造成他人情绪上的对立。端着架子的人很像树上的猴子，人们看到的不是它灵巧的身手，而是那红彤彤的屁股，难免要在心里嘲笑，轻视这种肤浅。

自重的人只对自己端架子，一颗淡泊的心就是一个架子，放在上面的不是虚名与负累，也不是重重的疑心和思虑，更不是与人相处时的那点小小虚荣，而是人生的起伏和一份平稳的心态。比起那点可怜的仰视，他们更重视人与人之间的平等交流，他们对别人会放下架子，只保留欣赏与尊重，就算有再多的成绩，看上去依然平易近人，温和亲切。

4. 亲情是树，是最坚强的后盾

相传，玄奘法师西游的时候路过一个西域国家，那个小国是商人们经常落脚的地方，有不少大唐制造的物品。玄奘法师在休息时，偶尔看到一把绢制的团扇——这正是家乡才有的东西。

拿起这把团扇，想到自己远离家乡，玄奘悲从中来，不禁哭泣。看到的人议论说："亏他还是大唐来的高僧，竟然为一把家乡的扇子哭泣。"那个小国最有名的僧人听说这件事却说："思乡、思亲乃人之常情，这位高僧真是至情至性、不作伪之人，令人敬佩。"

血浓于水，亲情是世界上最无私的感情，养育之恩、培育之恩，这些都是我们不能忘记的。中国自古就讲究孝悌，不孝被视为一种大不敬，也是一个人道德上的污点。生活在现代社会，我们不必要求自己如同《二十四孝》的那些孝子们那样卧冰求鲤、彩衣娱亲，事实上那本书中有些孝子的做法，以今日的眼光看来稍显做作。

真正的孝顺在于一份心意，心意不在多少，只看你有没有这份心。有一首歌里说："父母不图儿女为家做多大贡献，一辈子不容易就图个团团圆圆。"能够惦记父母，为父母着想，尽力报答生养之恩，常常看看父母，与父母通个电话，这就是尽了儿女的本分。

美国总统亚伯拉罕·林肯出生在一个小木屋里，他的父亲是一个贫苦的鞋匠。当林肯竞选总统的时候，他的出身引起了他人的嘲笑。有一次，林肯要进行一次演讲，一位议员公开说："林肯先生，在你演讲之前，希望你一定要记住，你只是个鞋匠的儿子。"

林肯并没有露出羞愧的表情，他站起身，自豪地说："没错，非常感谢您在这个时候让我想起我的父亲。虽然他已经过世，但我要说，他是一个伟大的鞋匠，如果各位曾在我父亲那里修过鞋子，如果你们的鞋子出现任何问题，我都可以修好它。虽然我没有父亲那么好的技术，但我从小也跟他学了一些手艺。"

然后林肯又对其他人说："在座的各位如果穿着我父亲做的鞋子，如果它出现问题，我也会尽可能帮忙。但是，我的手艺无法跟我父亲相比，请各位见谅。"

这一番话，听者无不感动，台下响起了经久不衰的掌声。

林肯被称为"小木屋里的总统"，他的父亲生活贫困，这种出身在当时经常被政敌嘲笑。但不论在任何场合，林肯都以自己的父亲为骄傲，他明白看轻父亲，就是看轻他自己，尊重父亲，也是尊重他自己，尊重普天下的父亲。

暖心小语

亲人是我们最强大的后盾，任何时候，都要为自己的亲人感到由衷的骄傲。

一位伟人能够被人怀念，并不仅仅是因为他的功绩，还因为他有一颗平常人一样的心，让人觉得亲切。

人们尊重那些重视亲情的人，在常人看来，对父母好的人，就是知恩图报的人，他对别人也不可能太坏。所以交朋友要交那种以父母为骄傲的，这样的人才懂得感情；谈恋爱要找那种孝顺父母的，这样的人才会重视家庭。一个重视亲情的人不会没有责任感，他明白自己做的事不单单为了个人，还为了支持他、爱护他的亲人。

亲人是我们最强大的后盾，不论你遇到多大的困境，亲人也不会离开你、背叛你。他们的力量也许并不强大，他们的信任却能够鼓舞你、安慰你。从小到大，从平凡到优秀，我们在亲人的呵护下一路走来，看过太多他们的汗水，任何时候，都要为自己的亲人感到由衷的骄傲。

5. 爱，就是让对方住进你心里

问世间情为何物，直教人生死相许。千百年来，人们讴歌纯洁的爱情，每个人都希望在茫茫人海中遇到一个相伴终身的爱侣。不过，每个人都有自己的脾气，在对待爱情的时候，自然也就有不同的方式。其实，爱是双方的，火焰想要燃烧得久，就要不断补充灯油。爱情就是这样一个得到与付出不断交替的过程。

但人们常常感叹爱情不易长久，相爱简单相处难，有时候不经意的磕磕碰碰，就改变了它的性质，令某个人失去了最初的感觉，心灰意冷。激情会消散，留下的就是一种更为长远的关系。想要天长地久，就要动点脑筋，多多维持和经营这段关系，这就需要无私的奉献。

有科学家做过实验，发现两个人相处时，如果一方付出过多，一方付出过少，感情就会失衡，关系就不长久；只有双方都在付出，才能保证关系在平衡中得以维持。爱情是自私的，除了两个人之外容不下任何其他东西；它也是无私的，在得到的同时，每个人都要学会付出。付出不仅是指对对方的照顾，也包括对对方的体谅与宽容。

程伟是一个工程师，经常在全国各地负责施工监督。因为工作太忙他根本无法照顾家庭。朋友们都很担心他，有人劝他说："不如换一个轻松点的工作吧。不为自己想，也要为你太太着想，女人一个人待久了就会心生怨恨，以后她会经常抱怨你。"

程伟说："我太太是个明理的女人，她特别懂得体谅我。我们谈恋爱的时候，有一次我忙一个工程，半个月没有和她联系。我以为她一定会大发雷霆，甚至跟我分手。没想到她只是来了一封邮件，嘱咐我注意身体，如果有时间就给她回一封信，简单说一下近况就行。"

"真是一个懂得体谅人的女人。"朋友们听完不禁感叹这位太太的心胸和体贴。

两情若是久长时，又岂在朝朝暮暮。经常分居的爱人之间难免有所生疏，如果一方为事务烦恼，更会造成对另一方的冷落，这时感情就会出现危机。

暖心小语

缘分来之不易，爱情需要用心珍惜，体贴与谅解才是爱情最好的保鲜剂。

不过，如果能有一份宽容的心态，设身处地为对方着想，相信对方并非不记挂自己，自然也就不会计较这些。

现代人总想追求浪漫，希望爱情关系中随时都有激情，但真正长久的爱情靠的并不是一时的激情，而是长久的付出与照顾。人们形容夫妻关系就像左手与右手，虽然平淡，却谁也离不开谁。在闹矛盾的时候，不妨想想对方的心情，与其用左手打右手，不如用左手抚摸右手，这种温柔才合乎爱情的本质。

想要维持爱情的新鲜，就要有适当的保鲜策略，体贴与谅解是爱情最好的保鲜剂。体谅对方是心灵上的付出，两个人如果都能尽量体谅对方，灵魂就能渐渐合二为一。缘分来之不易，爱情需要用心珍惜。茫茫人海，有一个贴心的爱人与自己相伴，任何时候都不会觉得孤独，那是怎样的一种幸运，又是怎样的一种幸福与满足。

6. 海内存知己，天涯若比邻

冬天到了，大地一片白茫茫。一只饿了几天的狼卧在一户人家的篱笆下，看门狗跑过来同情地说："老兄，你怎么这么凄惨？这是我从屋里拿出来的肉，你吃了它，休息一下吧。"

狼吃了肉，感激地说："多谢你，要不是你，我一定会饿死。今年冬天的雪可真大。"

狗看着狼瘦弱的样子，说："你要不要考虑替我的主人看家？这样你可以住在温暖的屋子里，每天都有肉片和食物。"狼摇摇头说："不了，狼和狗不一样，如果不能随便走动，每天要拴着链子，我会难受死的！"狗说："我们的确不一样，我更喜欢和主人在一起，互相依靠，互相照顾。不过我愿意和你交个朋友，如果你什么时候找不到东西吃，就来我这里，我会尽量招待你的，只是要注意别让我的主人看到……"

"没问题！"狼开心地说，"你是一个值得交往的朋友，我一定会经常来看你，如果有什么事也不会跟你客气！"

从此，狼经常来看狗，告诉狗很多大千世界的见闻，狗也经常在狼挨饿的时候提供食物，它们虽然志趣不同，依然是一对好朋友。

海内存知己，天涯若比邻。大千世界，每个人都需要朋友。你快乐的时候，他们陪你一起笑；你悲伤的时候，他们借出肩膀让你哭或者陪你一醉方休；你有困难的时候，他们及时伸出手拉你一把。朋友一生一起走，好的朋友是每个人一生最大的财富。

人生在世知己难求，有了好朋友，每个人都想珍惜。人与人个性不同，朋友之间也会有摩擦和冲突，也有不同的选择和道路，没有人能够自始至终与你保持一致。当你发现对方的不同，需要做的就是求同存异，而不是要求对方做出改变来迎合自己。

就像故事中的狗与狼，它们有各自的生活，但却保持对彼此的关心，分享各人世界里的喜怒哀乐。它们也许始终不能理解对方，但却是快乐的，这份不一样的陪伴让它们增长见闻，体会了另一种人生。最重要的是它们知道，有困难的时候对方一定会帮助自己，孤单的时候对方一定会来安慰自己——心灵上的陪伴，正是友情的真谛。而求同存异，是友情的基础。

暖心小语

朋友一生一起走，好的朋友是每个人一生最大的财富。

英国是个讲究绅士风度的国家，在那里，每个人从小就受到尊重他人的教育。

一次，一位贵族邀请一位亚洲客人到家里做客。这位贵族家里很讲究，用餐前需要用柠檬水洗手。当清亮的柠檬水被端到客人面前，客人以为这是用来喝的，为了表达对主人的热情，客人端起精美的小盆子一饮而尽。当时还有很多客人在场，看到这一幕，都很吃惊。

　　主人没有纠正客人的错误，为了照顾客人的面子，他也把面前的柠檬水端起来，喝得一滴不剩。其他客人看了，也喝掉了面前的柠檬水。大家都赞叹主人的素养，既避免了客人的尴尬，又让晚宴顺利进行。

　　对待朋友，我们需要求同存异，求同存异代表一种对对方人格习惯的尊重。这种尊重应该存在于一切行为中，与陌生人交往更是如此。故事中的英国贵族看到客人弄错了用餐规矩，他想到的并不是纠正——为什么让客人为一件自己并不了解的事当众出丑呢？这位贵族有真正的绅士风度，相信在场所有人都会觉得他是个值得深交的人。

　　人与人不同，永远不要奢望对方和你一样，你坚持的未必是正确的，他人的行为就算你看不顺眼，也不一定是错误。你能够容忍的差异越多，择友范围就越广，也能与更多的人友好相处，因为你对人的尊重与理解，好像一道阳光，照得人心里舒服。

　　人生在世，哪个人能缺少朋友？好的朋友为你付出，为你指路，为你保留一方友善的天空，这是你一生的财富。正因如此，对待朋友，你要付出更多的耐心与宽容，才对得起你们之间珍贵的情谊。永远不要挑剔朋友，朋友的优点会让你一生受益，朋友的关怀会让你时刻温暖。

7. 帮助，就是雨中送伞，雪中送炭

古时候，有个书生走在大路上，发现一条小鱼陷在深深的车辙里。车辙里的水已经干涸，小鱼奄奄一息，看到书生，它挣扎着说："善良的书生，请你救救我，别让我渴死。"

书生同情小鱼，对它说："你真可怜，我这就去禀告国王，开凿水渠，将大河和东海的水引到这里，这样你就可以自由自在地生活了。"

小鱼骂道："你随便舀一瓢水给我，就能救我一命，可是你却在这里夸夸其谈，等到你说的水渠开凿完毕，我早就渴死了。你真的要救我吗？"

小鱼马上就要渴死，路过的书生发下宏愿，要给小鱼开凿水渠。想要帮助他人是件好事，但要知道远水不解近渴，有心不一定就能帮助人，用错方法也帮不了人。就如在沙漠里干渴的旅人，海市蜃楼再美，也不能让他解渴，切莫让自己的好心成了他人的海市蜃楼。

一个重视他人、关心他人的人，必然有爱心，愿意帮助他人。但帮助也需要头脑，别人需要帮助的时候你去帮助，人家感激你；别人不需要帮助的时候你非要帮人家做事，人家会认为你无事献殷勤，别有所图。可见好心应该有，但要放对地方。

张先生路过街边的广场，听到一阵阵叫骂声，走近一看，才发现广场上

有一群孩子在打架。其中一个孩子被打翻在地，其他孩子上去拳打脚踢，被打的孩子发出呼救声，其他的孩子不管不顾，不肯停手。直到地上的孩子再也爬不起来了，其他孩子才扬长而去。

张先生心生同情，就从口袋里拿出手帕，上前想要扶起那个孩子，孩子却说："我不需要你的帮助，刚才你明明看到了他们在打我，你只要出言制止，就可以让我不再挨打。可是你没有说话。你以为我现在需要一条包扎伤口的手帕吗？"张先生听了，惭愧不已。

在他人需要的时候提供帮助，是雪中送炭，等到他人渡过了困难，你再赶过去说要帮助对方，最多算是锦上添花。人们怀念的是寒冷时候的炭火，而不是热闹时候的一朵鲜花。故事中的张先生显然犯了这个错误，所以他得到的不是感激，而是轻视。

当然，我们帮助别人的目的并不是为了让人怀念，而是为了自己的善心。但善心不能以正确的方式及时表达，对他人对自己都是一种遗憾。既然相信人与人之间的感情，选择帮助别人，那就要将这件事做好。帮助别人不但要帮到底，帮助别人也要帮得好、帮得对。

在我们的生活中，每个人都需要他人的帮助，将心比心，我们需要的究竟是什么样的帮助？首先我们不需要那种全权代办式的帮助，这种与溺爱无异的关心会让我们无法亲力亲为，无法得到克服困难的能力，让我们只能依靠别人；我们也不需要那种带有附加条件的帮助，或者说，我们能够接受利益交换，但不能忍受有人以"帮助"

之名，为的是索取回报；我们更不需要那种说着帮助，在一边袖手旁观的朋友；还有一种帮助让我们头疼，就是有些人不了解情况，好心办错事。总结了这么多，你应该知道如何帮助他人：不越俎代庖，不索取回报，不隔靴搔痒，更不要拖人后腿，这就是真正的帮助。

8. 送人光明，手中留光

也许是生活的高速运转让我们不能停下来看看别人，我们经常听到人们感叹人情冷漠，人与人的距离越来越远，在大城市再也找不到那种邻里之间把酒闲话的场面。

一颗自私的心无法体会真正的感情，与其感叹人情味越来越淡薄，不如看看自己都做了什么。你愿不愿意常常关心他人的心情和需要？愿不愿意为公益奉献一分力量？愿不愿意听人倾诉，给人帮助？愿不愿意在心情不佳的时候克制自己的脾气，为的是不影响到别人？给予有很多种方式，为他人着想是它的内核，懂得给予的人才能懂得真情。

送人光明，手中留光。给予让人越发明白感情的珍贵，当你帮助别人时，你听到的是感恩的话语；当你安慰别人时，你看到了止住泪水的眼睛；当你关心别人时，你感受到对方内心散发的幸福……给予他人，你能够得到的并不是利益，而是他人的一张笑脸，但这张笑脸却能给你真正的发自内心的满足。

一个吝啬的富翁总觉得生活中少了点什么，他的妻子经常劝他："金满筐，银满筐，到头不过一土篓。你有这么多钱，不如接济邻里，行善积德。"富翁总不把妻子的话当一回事。

这一天，富翁又在闷闷不乐，妻子对他说："你不如站在窗户旁看一看外面。"富翁说："外面有很多人，挺有意思。"妻子说："你再站在镜子前看一看。"富翁说："只有我自己。"妻子说："人的心就像玻璃，本来是内外通透的，一旦你涂上一层水银，就只能看到自己。"

富翁思索了几天，终于想开了。从此他按照妻子说的，常常把家里的粮食、钱财送给有困难的人。久而久之，他的名声越来越好，喜欢他的人越来越多，他也渐渐享受到内心的安乐。

生活中有很多不能缺少的东西，衣食住行不可缺少，亲友家人不可缺少，快乐的心情同样不可缺少。有善心的妻子劝富翁积德行善，就是让他不要只看着自己，要与他人多多分享，他得到的不只是一份好名声，还有越来越开阔的心境和越来越平和的性格。

快乐来自分享而不是占有，情谊来自给予而不是吝啬。懂得给予的人负担会越来越少，心灵上的拥有则会越来越多。他们得到的不仅仅是旁人的感激，还有帮助他人之后的充实感，这种充实能让一个人由内到外欣赏自己。因为善良，因为给予，因为对他人的关怀，使你的整个生命提高到一个新的层次，不是为小我，而是成就大我，你的人生自然焕发别样的光彩。

淡泊之人慈悲大度，重视人与人之间珍贵

暖心小语

快乐来自分享而不是占有，情谊来自给予而不是吝啬。

的情谊，他们喜欢把美好的事物与人分享，让每一个人切实地感受到快乐，即使自己一无所有，他们也觉得自己是幸福的。名利迷人眼，难得的是这一份情怀，让心中始终有清风明月，从不失落。

9. 所谓名利，不过是过眼烟云

名利，是很多人都会向往的，追逐名声、财富和地位甚至成为了人的一种本能。有时我们会受到名利的诱惑而追逐，却忽略了自己内心真正的需求。面对名利，我们需要一颗足够淡然的心，唯有如此，才能把握名利，而不是被它支配。在能够控制的范围内，名利会为我们带来很多，但是如果我们没有淡然的内心，那么名利就会成为我们的负累，我们所追求的幸福，也成为了一种负担。

除了我们内心的向往会让我们追逐名利外，有时人们的眼光也会影响我们。对于我们真心想要的东西，我们追逐的过程也是一种快乐，然而为了他人的眼光而追逐，那么只能让自己感到不堪重负。

从前有一个男人，他带着自己的儿子到集市上去卖驴。两个人从家里徒步出发，一路上有说有笑，听着鸟语，闻着花香。

当路过一个村子的时候，有一对老夫妇，看见他们两个人牵着驴走路，于是老头说："老婆子，你看那儿有两个傻子，明明有驴，却非要徒步前进，牵着驴走，真是愚蠢到家了。"老太太也跟着附和。男人和儿子对望了一会儿，然后男人将儿子抱上了驴背，他牵着驴走。

当路过第二个村庄的时候，遇到了一群正在玩的小孩，于是小孩子们讨论开了。一个小孩指着坐在驴背上的儿子说："你们看呀，有一个不孝子，竟然自己骑驴，让父亲走路，真是太不孝顺了。"听完这句话之后，两个人相互看了看，儿子下了驴背，让父亲骑了上去，继续前行。

到了第三个村庄，遇到了一个三口之家，女人抱着孩子对她丈夫说："你看，真是狠心的父亲，孩子那么小，竟然让小孩子走路，自己骑驴，真过分。"儿子和父亲思考了一会儿，两个人都骑了上去。

路过第四个村庄的时候，正巧遇到了两个放牧人，一个放牧人对另一个人说："那头驴真是可怜，竟然要承受两个人的重量，那两个人真是太残忍了。"父子两人不知道应该怎么办，父亲一气之下，和儿子一起将驴抬了起来。

终于到了集市，没想到刚到集市，人们就议论开了："你们看那两个傻瓜，竟然抬着用来驮人的驴子。真是愚蠢到家了。""他的驴子一定身体不健康，不能买他的驴。"父子两人听着这些议论，终于什么都没有说，牵着驴子徒步回家了。

仅仅因为他人的几句评论，父子两人就乱了自己的阵脚，只想着一味迎合他人的评论以留下一个美名。没人喜欢骂名，所以有时我们为了他人的眼光而选择迎合，选择追逐，但那些也只是自己的负担。走自己的路，任他人评说，对待议论淡然一些，自然就不会被这些所累。

除了他人的看法外，有时我们追逐名利是

暖心小语

在名利面前，也要保持一份平常心，保留一份淡然。

因为内心的一种向往，尤其对于自己未曾到过的高度，人们总是充满了憧憬和好奇。然而，随着声名的增长，我们可能会失去淡然的心，声名成为了不快乐的源头，却又骑虎难下，只能选择继续维持自己的声名，为此付出巨大的代价。

从前有一名漂亮的女孩子，她非常羡慕明星，于是下定决心无论如何要成为一个明星，为此，她给自己制订了魔鬼训练计划。她本来长得很可爱，脸上有一点点婴儿肥，但是为了成为明星，她决心成为骨感美女。

女孩减肥成功之后，真的成为了一名骨感美女，搭配着她独有的性感嗓音，在出道的一开始，就被经纪人打造成了性感、冷艳的形象。她喜欢唱歌，也喜欢笑，但是为了自己成为明星的梦想，她按照经纪人的要求扮性感、装冷酷。

渐渐地，女孩越来越出名，几乎人人都知道了这名看起来不爱笑的冷酷美女。因为出道形象的关系，她不得不保持这样的形象。曾经她生活得非常恬淡，唱自己喜欢的歌，看自己喜欢的节目。但是，成为了明星之后，她处处都要注意保持自己的冷艳形象。

她的幸福只亭留在她成名的初期，因为她的名声越来越大，她过去的照片被翻了出来，人们抨击她伪造自己，不是天生的骨感美女。她感到痛苦，感到难以接受，她不想向歌迷承认自己曾经为了成名而努力减肥，因为她已经习惯了保持自己的冷艳形象，即使这个名声已经成为了她的负担。她没有和歌迷解释，也有接受歌迷评论的淡然，最终选择了服毒自杀。

保持名利有时比追逐更加困难，因为身在名利之中的我们如果缺乏一颗淡然的心，就非常容易迷失自己。得到和付出是成正比的，得到名利意味着我们要付出很多。故事中的女孩为了维持自己的形象，不得不选择伪装，付出更多。在这些得失面前，只有保持淡然，才能不被声名所累。

名利并非不祥之物，只是我们在名利面前难以保持平常心，缺失了一份淡然。要想不变成名利的奴隶，我们就要学会看开，时刻保持一颗平常心，淡然面对一切。

第五章
一弯浅水喧哗，一心欣然自得

　　若知足，则一念不生，若一念不生，则澄然静坐，云兴而悠然共逝，雨滴而冷然俱清，鸟啼而欣然神会，花落而潇然自得。如此，快乐可得。

1. 心晴，处处是风景

　　养老院有个年近百岁的老人，无儿无女，靠着退休金在养老院生活。养老院里的老人大多病体奄奄，闷闷不乐。这位老人却精神矍铄，看上去无忧无虑。

　　有人问他："我听说你只是个普通职员，没什么成就，也没有儿女，没人孝顺你，你为什么还能这么乐呵？"

　　老人回答："各人有各人的追求，我是个没什么特长也没什么野心的人。年轻的时候，我无拘无束，该吃吃，该玩玩，身体强健，性格乐观；成年后我不与人争夺，凡事想得开，心境一直不错；年老了，我没有妻子、儿女，无牵无挂，还有这么长的寿命，我怎么会不快乐？"

提到养老院，人们首先想到的是同情。人老了本该在儿女身边颐养天年，有些人却因为无儿无女、儿女太忙或者儿女不孝，不得不住进养老院。想到自己奋斗辛苦一辈子，最后只能坐在养老院的椅子上，看着四面院墙和一群与自己同样白发苍苍的老人，心中的滋味自然不会好受。也有极少数的人看上去怡然自在，就像故事中的那位老人。

一位无牵无挂、在养老院里悠然自得的老人，看上去更像一个智者。智者欲求少，年轻的时候享受年轻的乐趣，年老了享受年老的轻松，不追求名利，也不灰心丧气，顺其自然地过着自己的日子，似乎生命的每一个阶段都能让他欣慰，给他力量，这样的人生状态让人羡慕不已。其实有这种状态并不难，只要你懂得知足。

知足者惜福，我们常常忘记任何事其实都有"福"的一面，即使是灾祸，也藏着转危为安的机遇；遇到顺境，更值得我们感激。但是，如果贪心不足，整天对现状唉声叹气，认为自己不幸，生活就真的在你灰暗的眼光中变得不幸起来。以不知足的眼光看世事，小事遇到挫折是倒霉，大事遇到挫折是命运，人生下来是为了受苦。再多的成绩也不能让自己开心一笑，这样的人生当然就没有幸福可言，因为你根本没有珍惜。

杰克与苏珊结婚十年，虽然没有子女，日子却美满幸福。有一天，不幸的事情发生了，苏珊被车祸夺去了双腿，从此愁容不展。

为了能让苏珊开心，杰克想了很多办法。但是，不论是带苏珊外出旅行，还是陪苏珊在

暖心小语

懂得珍惜，懂得知足，才会感悟到身边的幸福。

家里解闷，苏珊仍然不开心。杰克请教了很多朋友，终于想到一个办法。

这一天，杰克将苏珊推进一家小书店，里面有一架架的书，还有煮咖啡和做点心的吧台。七八套喝茶看书的桌椅。杰克说："在家里闷着也是闷着，不如你开一个小书吧。我已经雇了人进货和打扫店铺，你每天只要负责照看客人。"

有了这个小书吧，苏珊像是重新找回了生命的意义。她每天很积极地研究如何烤制美味精致的点心，煮香浓的咖啡，也会留意该进一些什么书到店里。杰克的一些朋友来过店里，对杰克说："我为你粗略算了一笔账，你们开这个书吧，每个月都不会赚太多钱。"

"赚钱并不是最重要的，重要的是满足了她的内心需求，只要她每天快乐，就比什么都好。"杰克这样回答朋友。

有时候，我们会觉得命运十分苛刻，生老病死，顺境少逆境多，想要的东西常常得不到，幸福的感觉也总是不长久，更有突如其来的厄运让人饱受折磨。就像故事中的苏珊，原本安乐的女人突然失去双腿，再也不能行走，就算坚强地接受了现状，生活何来快乐？苏珊的答案是积极地努力，寻找自己的意义，满足自己的内心。

人们内心究竟需要什么？在纷纷攘攘的日常生活中，我们也许察觉不到。大病之后的人、大灾之后的生还者却能很清楚地告诉你：活着，尽可能让自己快乐，这就是我们最需要的东西。这个答案与名利无关，与他人无关，只和我们的内心相连。内心是光明的，有困难便可以克服，内心是阴冷的，处处了无生机。所以，我们希望自己有一颗平静的心。

知足是一种"无求"的状态，"无求"就是满足于现状。知足的心如一潭平静的池水，不一定清澈，却有丰富的内容。世间最难的事就是知足，因为不知足才有了许多烦恼，一旦你学会满足现状，就会很自然地发现万事皆有乐趣。即使是在困境之中，懂得知足的人也会为超越自我而欣喜。

知足的人不易衰老，不易因困境而委顿，他们的内心深处有灵泉汩汩，喷涌着智慧与生机。这智慧来自对世情的体察，这生机来自对他人的感恩，自然不会随时日变化，他们的内心永远纯净、年轻。只有拥有一颗知足的心，才能保持自己的清净，不被世俗所扰；才够无愧于心，无求于事，知足常乐。

2. 心灵中，生长着快乐的种子

据说，神灵创造世界的时候，想要把快乐作为礼物送给世人。可是神灵认为快乐不应该轻易得到，否则人们就不会珍惜，于是决定将快乐藏在一个地方。

神灵首先想到的是高山，如果把快乐藏在高山上，是不是很不容易被得到？很快，神灵否定了自己的想法，因为高山显而易见，每个人都知道。

神灵又想把快乐藏在海里，但是人们一定能够造出舟楫得到；于是神灵又想把快乐埋在土里，但很快他又否定了自己，因为只要挖掘，所有人都能找到。

最后，神灵发现一个最容易被人忽略的地方，这就是人的心灵。只有将快乐放在人的心里，才最不易被人发觉，因为所有人都想不到，快乐就在自己身上。

每个人都希望自己快乐，谁不想每天展露笑脸，常常有幸福的感觉？人们殚精竭虑所追求的，不过是成功那一刻的舒心与喜悦。但快乐难得，而且来去匆匆，我们总是想着有没有一个地方埋藏着快乐的秘密，让我们从此不必烦恼。其实，快乐的秘密在每个人心中。

快乐是真正的财富，一个人即使家财万贯，官运亨通，如果他不能让自己开心，生活对也就是一种折磨，这样的人并不富有；相反，那些即使贫穷，却享受着家庭的幸福、拼搏的快感、突破自我的喜悦的人，才是真正的富翁。前者的人生已经停止，后者的人生却日益扩大，他们有广阔的心灵，一生都不会贫瘠。

心灵应是宁静的，也应该是生气勃勃的，有不间断的神思与活力，生长着快乐的种子。其实只要善于发掘，我们每个人都能发现很多快乐的种子，有些人有出众的才貌，有些人有良好的品性，有些人有积极的爱好，有些人有执着的事业……所有这些都能让你的心灵茁壮。

一只山鸡正在山里唱歌，有只凤凰飞了过来，山鸡说："凤凰！停下来歇一歇，给我讲讲扶桑国的事吧！我听说你住在那里！"

暖心小语

寻找属于你的那一份快乐，你的心觉得好，才是真的好。

凤凰落了下来，说："扶桑国在东海边，那是一个美丽富庶的国家，也是鸟类的天堂。那里有最好的土地，最温柔的风，最美味的食物，最清澈的泉水，你要是愿意，就和我一起去那里吧。"

"不，"山鸡说，"我只要听一听那里的

事，长一点见闻就可以了。"

"难道你不愿意去扶桑国，而要一辈子在这个穷山沟里吗？"凤凰不解地问。

"我年轻的时候，曾经去过扶桑国。"山鸡说，"我一路跋涉，去到了那个地方，却发现那里并不适合我，并没有我想要的生活。于是我又回到了这里，这里虽然偏僻，却有我的幸福。我请你下来问问扶桑国，只是想知道那里的近况。"

每个人都有自己的追求，但追求不是生命的全部。你的追求未必是他人的追求，你的快乐更不是他人的快乐。子非鱼，不知鱼之乐，不必像故事中的凤凰那样对他人提意见。你要做的是寻找属于你的那一份快乐，你的心觉得好，才是真的好。

有些人因求之不得而忧郁，他们大多羡慕别人的生活，常常容易否定自我。他们理想的生活常常与物质紧紧相连，在他们看来没有好的物质基础，一切便是枉然。但世界上究竟有多少人能成为大富翁？又有多少富翁真的懂得快乐？在能力允许的范围内，财富能给我们带来好的生存条件；但如果能力不允许，你不能得到想要的财富，生命便没有快乐吗？

快乐的人不会去强求，也不会将外物看得比心灵上的享受更重要。快乐不是随心所欲，只是不勉强自己做那些根本做不到的事，拿那些本不属于自己的东西。凡事有缘定，看得开的人就是富有的人，看不开的人只能守着自己狭窄的心灵，不断追问快乐究竟在哪里，而快乐正从他身边无奈地经过。

3. 因为独特，所以完美

一位智者预感自己即将死去，他想把毕生心血传给最优秀的弟子，于是对弟子们说："现在是夏天，树林里的树木长得茂盛，你们谁能找到最完美的一片绿叶，谁就能继承我的衣钵。"

徒弟们走进树林，各自去寻找完美的叶子。可是每片叶子都不一样，各有各的形态美。他们逐一比较，看得眼花缭乱，也无法选出最完美的，最后无功而返，对师父说："师父，世界上有那么多叶子，怎么可能有最完美的一片？请您不要为难我们了。"

这时，一位徒弟回来了，他举着手中的叶片说："师父，我找到了最完美的一片！"

其他徒弟看那叶子，原来只是极普通的一片。他们开始挑剔这片叶子的毛病，那个徒弟却坚持说："在我看来，这就是最完美的一片！"

智者会然一笑，宣布将自己的衣钵传给这位弟子。

在智者看来，一件事物的价值应由心灵决定，自己认为最满意的一片叶子，什么也替代不了。同理，对自己满意的人就是最完美的人。这种满意并非自恋，而是不论有优点还是有缺点，自己都能够客观地接受自己，欣赏自己的长处，努力克服不足。这种状态就是心灵的理想状态，这样的人幸福感也最高。

对自己的满意程度，代表了心灵的健全程度。一个人是否成熟表现在他对抗挫折的能力上、对待生活的态度上。如果一个人对待挫折总是畏畏缩缩，不敢迈步；对待生活始终牢骚满腹，没有欢喜，这个人既缺乏生存的能力，也缺乏幸福的能力。

想要对生活满足，首先要对自己满意。不要难为自己，要相信我们每个人都是这个世界上独一无二的个体，没有人能代替。我们的能力也许不够理想，但好在每天都有进步，好在我们有美丽的梦想，并有实现它的决心，这样的自己值得骄傲。

一条龙遇到了一只青蛙，它们相互吹嘘着自己的生活。

龙说："我住的地方是广阔的东海，我每天在那里畅快地冲浪。东海的浪涛有几十米高，波澜壮阔，气象万千！"

青蛙说："我的住处是一个池塘，那里清幽宁静，冬天有雪，夏天有莲花，非常适合修身养性！"

龙说："我每天能在白云上行走，还能降下大雨，我每天都很威风。"

青蛙说："我每天都在池塘里唱歌，还能在陆地上跳舞，我每天都非常快乐。"

龙和青蛙的对话还在继续，一位智者听到后说："龙的生活固然自在，但这只青蛙却更幸福，它不卑不亢，能对自己满意，就是最大的成熟。"

这是一条龙与一只青蛙的对话，读完之

后，我们羡慕的不是那条每天行云布雨、威风八面的龙，却是那条守着一方池塘，每天不是唱歌就是跳舞的青蛙。那种悠然的心态让人向往，以这样的心态生活，定会每一天都有笑容，每一刻都惬意满足。

对自己满意是自信的表现，不但对自身的素质自信，也对生活的现状自信。日常生活中有理不完的琐事，如果没有一个自信轻松的状态，很容易烦恼缠身，何谈什么悠然自得。而自信的人面对烦恼总是表现得成熟而且稳重，他们不把小烦恼当一回事，对于大烦恼则会立刻制订根除计划。因为有自信，任何时候他们都能从容。

只有内心清净空明，对自己能够有正确的认识，才会对自己有所不满，希望自己更加完美。其实事物都是相对的，完美也是如此。不必强求什么，强求就失了本真的韵味；也不必规定什么，规定就失了自在的心态。用最轻松自然的方式审视自我，发掘自己，就会发现每个人都是一片值得欣赏的叶子，因为独特，所以完美。

4. 对当下的态度，决定未来的高度

一个渔夫在海里捕鱼，几天没有收获，终于在回航的时候用网捕到了一条小鱼。网里的小鱼苦苦哀求渔夫说："我的年纪还小，还没有长成大鱼，还有很多想要去经历的事。如果你愿意放了我，等再过几年，等我长成大鱼，我一定会主动来找你，到时候任你处置。"

渔夫说："我几天没有吃东西了，如果我不能及时得到食物，几年后，

我已经成了一堆白骨，你又去哪里找我呢？人不会为了没有希望的机会抛弃现在的利益。"说着，渔夫收了网，将小鱼捞了上来。

天真的小鱼希望渔夫给它几年自由的时间，却忘记聪明人都知道"当下"的重要，比起空头支票，眼前的利益才最需要把握，没有眼前，何来未来？人们追求的都是实实在在的东西，虚无缥缈只适合那些空想主义者，而且所有人都知道，空想主义者最不济事。

人们看重当下，因为昨日已经过去，无法追回，过往的欢乐泪水都已经成为回忆，可以珍惜，但不必迷恋；明日还未到来，即使有雄心壮志也尚在孕育之中，我们还无法掌握。我们能够得到的只有今天，能够改变的只有当下，能够争取的也只有眼前的每一分每一秒。

当下的美好能抚平过去的伤口，当下的努力能将过去的辉煌延续，不论过去是喜是悲，重视当下是对过去最好的交代。没有当下就没有未来。如果没有今日的积累，就没有明日的成就，没有今日的忍耐，就没有明日的壮大……一个人只有把握住当下的时光，才能算是把握了自己的人生。

很久很久以前，在一片田野上，有两条小河流。它们灌溉着东西两边的土地，使那里的人们安居乐业。人们很尊敬地将两条小河称为"母亲河"。

日子久了，一条小河开始不满足目前的生活，它说："我们的生活真没意思，每天都在这偏僻的村庄，不知道外面的世界究竟是什么样子，难道你不想出去看看吗？"

暖心小语

没有今日的积累，就没有明日的成就，没有今日的忍耐，就没有明日的壮大。

另一条小河说："做什么事都不能好高骛远，我们现在不是滋润着一方土地，养活着一方百姓，这不是最好的生活吗？你为什么非要出去？"可惜它的劝告没什么效果，那条小河义无反顾地冲向远方。

很多年后，留在原地的小河听到了出走小河的消息，它进了沙漠，终于干涸。因为它的离开，东边的土地不再肥沃，人们只好迁到西边，并拓宽了河道，让小河更加宽阔。西边的小河叹息道："有追求是好事，但是，做好眼前的事不是更重要吗？每天看着劳作的男人、织布做饭的女人，还有那些快乐的孩子，不就是最好的事？"

"当下"不仅仅是个时间概念，它还代表了一种生活状态，包括你的心态、你所处的环境、你身边的人以及他们对你的态度，所有这些因素加起来就是完整的"当下"。"当下"常常不能让人满意，亟待改变，但有些人不是以当下为基础，变得更好，而是好高骛远，就像那条最后冲进沙漠的小河，不能好好把握当下，就会损失未来。

什么是真正的拥有？镜中花、水中月虽然美好，却不能握在手中，只能给你一时的视觉刺激，很快就会消失无踪。世间很多事都如镜花水月，你如果过于留恋这种虚幻的假象，就会浪费最珍贵也最实际的"当下"，一旦"当下"成为过去，你会发现自己两手空空。

心系当下，由此安详。有些人之所以被称为智者，是因为他们能够看透什么是真正的"当下"。那些虚幻的事物并不能当作寄托，"当下"是实实在在的境遇与勤勤恳恳的努力。接受"当下"也许不困难，把握"当下"却要有强大的意志力，"当下"不能用来沉湎，而是应该奋斗。"当下"是一种"因"，你想要什么样的'果"，就必须握住现在的时光，努力耕耘，期待收获。

5. 感恩当下，珍惜幸福

忧虑，是我们幸福路上的一只拦路虎，因为忧虑不仅伤神，对心灵也有着非常严重的危害。虽说有远虑是好事，但是过于忧虑就会忽视掉眼前的幸福。如果一直活在忧虑之中，就会成为一个非常悲观的人，只知道沉浸在痛苦之中，到最后甚至会失去挩离烦忧的意识，只能期期艾艾地在忧虑中过活。

考虑将来、计划明天是对的，但要注意适度，如果思之过甚，就会伤身，过分担心未知的结果就是让我们对未来感到恐惧，从而失去了前进的勇气和动力，止步不前。

古时候，曾经有一个杞国人，他过得非常不好，每天都要忧虑许多人和事。虽然国泰民安，生活幸福，但他还是很忧虑。

有一天，杞人抬头看天，突然就忧虑起来，担心有一天天塌下来怎么办。他想，如果天塌下来了，那么天上的日月星辰也都会坠落下来。大地承受不了这些重量，会开始塌陷……

杞人越想越恐惧，也越来越忧虑，每天都愁眉不展，吃饭时也担心，睡觉时也担心，过得心惊胆战。他的朋友见到他日益消瘦，非常担心，于是就来劝导他，对他说天空只是气体堆积而成，这些气体充满了每个角落，日月星辰也停留在这些气体上面，人们每天都活在这些气体当中，天是不会掉下来的。但是他非但没有好转，反而更加惶恐。

杞人又问："日月星辰这些东西竟然待在空中，不是掉下来的可能性更大吗？"

杞人的朋友劝导他说："能够待在空中，必定也是由空气组成的，能够看到它们，也不过是因为它们能够发光而已。这么轻的东西，即使掉下来也不会砸伤人。"

杞人想了一会儿觉得有道理，但是马上又皱起了眉头，问道："可是地塌陷了呢？"

杞人的朋友说："咱们奔跑生活的大地是由土构成的，这些土块堆积才成为了大地，并且填满了大地所有的空隙，没有空间地又怎么可能会塌陷呢？"

听完朋友的劝导，杞人想了好一会儿，终于放下心来。从此以后，他再也没有因为忧虑而吃不好睡不着了，每天都过着幸福的生活。

杞人忧天是非常愚蠢的事情，因为担心不会发生的事情而沉浸在恐惧之中。我们有时会对未知感到恐惧，而忧虑，然而忧虑并不能阻止明天的到来，也不能帮我们解决任何问题，反而会让我们的心遭受着折磨。其实，在我们生活幸福的时候，就要享受幸福，不要一直忧虑幸福过后会是什么，否则只能浪费掉来之不易的幸福。

暖心小语

思之越甚，伤之越深。

有些时候，比起不确定的未来我们更应该注意眼前，没有今天就谈不上未来。未来不会因为我们的忧虑而有所改变，如果因为忧虑未来而错过当下，那么在未来的日子里我们只能后悔不已。

未来的一切变数并不是我们所能预料的，我们只要在当下能走得稳健踏实，就无须为未知担心太多。忧虑除了伤害我们之外不能给我们任何的帮助，所以不妨学会面对一切，学会平和，放下忧虑。思之越甚，伤之越深，唯有以平和之心面对，才能找到方法，走出迷茫。

6. 人生的滋味，需要仔细品味

弘一法师俗名李叔同，我们经常听到的《送别》这首歌就是根据他的词谱曲的，当人们唱着"长亭外，古道边，芳草碧连天"为朋友送别时，李叔同为潜心钻研佛学，已出家为僧。

从此世间便有了许多关于弘一法师的故事。据说有一次，弘一法师因故在某地暂时停留，有朋友去看他，见他正在吃一盘咸菜，没有任何其他饭菜。朋友说："你只吃这一盘咸菜，不吃其他饭菜吗？"弘一法师答："咸有咸的味道。"

第二天，朋友又去看望他，见他正有滋有味地喝一壶白开水，说："你难道不泡茶叶吗？"弘一法师答："淡有淡的味道。"朋友反复思量这两句话，觉得深意悠远。

长亭外，古道边，天之涯，地之角，人生百味，人生百态，有太多东西值得我们去体会。就像一桌精心烹饪的酒席，你如果只吃其中一道菜，未免辜负了厨师的苦心准备。如果想要尝遍所有菜肴，自然就会有爱吃的，不爱吃的，味道好的，味道不好的。

味道是主观的，你觉得好自然是好，你觉得不好的，别人也有可能当作珍馐。唯有知道"咸有咸的味道，淡有淡的味道"才算行家。因为他的判断标准已经超越了个人的喜好，视角更加客观，视野更加广阔。这样的人，更懂得如何品味人生。

人生的味道需要细细品，你没办法说哪种味道更好。人们想要避开苦味，但苦味能够让神志清醒；人们喜欢沉浸在甜味中，甜味却会让人麻痹在现状中，忘记居安思危。就像人吃饭五谷杂粮都要有才算健康，五味俱全才能保持心智的平衡。不要刻意去追求某种味道，你需要多多尝试，多多体验，尝遍诸般味道才算真正的人生。

将军的战马陪伴将军驰骋沙场，立下赫赫战功。年老后，它被卖给一个农夫，每天帮农夫推磨。每天晚上，战马想起它在战场上飞奔的日子，不禁老泪纵横，它多么希望回到年轻的时候，依然是那匹受人尊敬的战马。

农夫听到它的哭声，关心地询问："你怎么哭了？有什么难受的事？"

"我是一匹优秀的战马，现在却只能像驴一样推磨，我想到这件事就难受。"战马说。

农夫拍拍马的头说："我理解你的心情。其实，我以前是一个英勇的士兵，立下过不少功勋。退伍后，我在这里当一个普通的农夫。可是我没觉得现在的生活有什么不好，比起打打杀杀，现在的生活虽然一样累，但好在悠闲，神经每天都是放松的，这种生活不也很好吗？"

老骥伏枥，志在千里，故事中的老马仍然希望驰骋沙场，退役的士兵告诉它，每种生活都有它令人难忘、激动的地方，所以不要只想着过一种生活，应该习惯各种生活。忙碌的时候就享受奋斗的充实，能够休息的时候就享受身心的放松，这样的人生最丰富也最自然。

人们很怕尝惯了的味道出现转变，因为心理会出现极大的落差。这个时候就要调整心态，尽量习惯新的味道。同样是苦味，盐水和茶香滋味完全不同，就看你愿意将眼前的生活看作一汪泪水，还是一杯苦过之后会有清香的茶水。

一颗心想要丰富，就需要各种味道，从中获得更多的人生经验，提炼各种智慧。为什么那些修为极高的人遇到什么事都能泰然处之？因为他们已经习惯品尝生活的各种滋味，不再惊恐也不再强求，万事万物，自然就好。

7. 心灵有了阳光，生活就有了快乐

一个贫穷的乡村教员今年已经 63 岁了，他一辈子过着清贫的生活，没有结婚；到退休时也只是个普通教师，没有职称。但他看起来乐观开朗，有人好奇地问他："你活在世上一辈子，却什么也没有得到，你为什么还能这么高兴？"

教员说："你生过病吗？比如，重感冒。"询问的人点头，教员说："卧病在床的时候，喉咙里有痰，你才能察觉平日的喉咙有多舒服；高烧烧得头疼，你会怀念平日脑子清醒；躺在床上什么也不能做，就会知道即使没有得到什么，像普通人一样生活，也好过生病。"

生过病的人会格外珍惜健康，经过大起大落的人会格外珍惜生活。一份普通生活是美好的，能够用工作证明自己的才华，靠学习提高自己的能力，感受与人交往时的点滴情谊，这是普通的生活，也是每个人能够拥有的最好的生活。只是人们往往觉得它单调，缺少戏剧性，总是期待着电影小说里的那些"奇遇"会降临到自己身上；或者羡慕别人那看来无比光鲜的日子，认为那才叫真正的生活，那样才会有真正的快乐。

不要以为快乐是生活以外的东西，快乐的确来自心灵，笑脸不代表快乐，只有心中的充实快慰才能叫作快乐，但哪一种快乐能脱离生活呢？我们快乐，是因为在生活中遇到了让我们开怀的人或物，也许是读到了一本感动的书，也许是听到了一首美妙的歌，也许是和亲密的友人闲聊了一个下午。心中的感觉全都是来自外界，快乐由外界给予，由我们自己决定，但它终究依附于生活。试想有一天你身边空无一人，你什么都看不到，摸不到，还能快乐吗？

不只是快乐如此，我们能够拥有的每一件事物、每一份感悟也都与生活息息相关。我们参与其中，有时是主动者，接受了生活并改变着生活，不对生活的磨难屈服，实现自己的愿望，得到生活的回报；有时却是被动者，诅咒着生活并被生活改变，由意气风发变得庸碌无为——同样的生活，不同的人生，只看你如何选择，如何行动。

暖心小语

一个人只有做到专心致志地享受生活，才能有一颗不老而快乐的心。

欧根教授是牛津大学有名的学者。一次，

他的学生问他："老师，我今年22岁，仍然说不清什么是快乐，也许你的阅历能够给我指点迷津。"

欧根教授说："我今年44岁，比你大了一倍，我也是刚刚知道这个问题的答案，它来自我的11岁的女儿。"

"11岁？您的女儿是个天才吗？"学生惊叹。

欧根教授回答："她不是天才，她只是个普通的小学生。前几天，我看到她写的一篇日记，她写了自己快乐的一天：上午和小伙伴在公园野餐，下午给爸爸妈妈烤了一个蛋糕，晚上得到了叔叔送她的一本书。你看，我们一直寻找快乐，小学生却很轻松地找到了答案。"

了解快乐的人并不一定是饱经沧桑的智者，这样的人有时倒显得郁郁寡欢。有时候小孩子更明白快乐的真谛究竟是什么。小孩子的生活天真而简单，他们能够为一次野餐、一块蛋糕、一本书而开怀，这些生活上的小事，在大人看了不值一提，却成了小孩子们的快乐。

想要快乐，就要学学小孩子的那种心态，小孩子野餐的时候，不会想这一餐花了多少钱，收拾起来会不会麻烦，下一次野餐不知在什么时候；小孩子吃蛋糕的时候，会满足地沉浸在香甜的滋味中，不会担心摄入了多少卡路里，也不会在乎吃蛋糕的地方是不是精美的咖啡厅；小孩子得到礼物的时候，不会在意礼物的价格，不会想着什么时候需要回礼……一个人只有做到专心致志地享受生活，才能有一颗不老而快乐的心。

在生活中，我们希望自己有更高的悟性，特别是那些快乐的感悟，如果能常常放置在心灵中，就能让我们有一份不老的心态。不过，要记住切不可远离生活，因为所有的感悟都来自于生活，那些快乐的事更需要你从也许并不如意的生活中一点一滴摄取。只有那些善于从平凡中发现光点，并把这些光点聚集在心中的人，才是真正内心光明的智者，也是看穿俗世纷扰的快乐之人。

8. 别让人生输给了心情

一个商人赚了很多钱，却总是不知满足，他向一位智者求教说："我也知道不该如此贪心。可是，赚钱的机会总是跑到我眼前，我如何不伸手去拿？这也不能都怪我　只怪造化。"

智者说："且听我给你讲个故事。古时有个旅人，在沙漠里走了几天几夜，十分口渴，这时看到一处清泉，他连忙跳进泉水之中，张开嘴喝那泉水。喝着喝着，他已不再干渴，他对那泉水说：'我已经喝够了。'但泉水依然流入他口中，他急得大叫：'够了！够了！'施主，你认为这个人如何？"

商人说："这个人太可笑了，他只要离开泉水，不再去喝就行了，怎么能让泉水停下？"

智者说："没错，只要自己离开即可，自己的行为，又何必责怪泉水、怪罪造化呢？"

每个人都会检讨自己，但这检讨有真有假，有些人口头说说，有些人却是从心底认为自己的行为出现偏差。故事里的商人就是个口头检讨的人，名为求教，心里却未必把贪心当成一回事，还隐约为自己能赚到很多的钱得意。

对这种有了成绩就归于自己的努力，有了失误就推给他人的人，智者很直接地告诉他："不要找理由，你不是不能，而是不愿。"

就如智者所说，人不能远离生活，却要远离欲望。欲望是知足的大敌，它让我们得到的一切都失去应有的色彩，因为贪婪的心会不断挑三拣四，告诉自己这个不够好。这样一来，人们无法知足，他们整天不满这个，不满那个，总想着换一个更好的。生活中的一切都并非无缘无故，说起"换"谈何容易？而欲望却促使人们不停更换，不断追逐，人们往往刚刚扔掉旧的东西，立刻又要扔新的东西，眼睛还要盯着更新的东西，疲于奔命。

欲望加速人的衰老。这样的人生就像负重的旅行，每走一段路，重量就要增加一些。初时觉得这些重量让生命不再那么轻飘，不知不觉间，它越来越重。糟糕的是，人的负重能力也在不断增加，我们无法及时察觉负担重了，直到它即将把我们压垮，我们才终于听到心灵奄奄一息的声音，才想到应该让它喘口气。

汉斯是个成功的企业家，拥有一家大公司，他每一天都在为扩大自己的事业而奔波。有一天，他累倒在机场，被秘书送进了医院。

诊断结果，汉斯患上了严重的胃溃疡，他的体重急剧下降。在这种情况下，汉斯仍然坚持在病床上工作，秘书每天拿来大量的文件，都需要汉斯思考，决策。医生严肃地与汉斯谈话，警告汉斯不要继续操劳，否则会有严重后果。

汉斯说："可是，医生，我不能停下来。我的公司还在发展期，如果我不管，它就会原

暖心小语

如果你一直不满足，即使得到整个世界，你依然是不幸的人。

117

地踏步，甚至被别的公司吞并。我不想看到这种事发生。"

"如果你再不收敛，不用多久，就会一命呜呼，你的事业就会由别人接手，这就是你想看到的？"医生说，"你听我的话，试着让自己轻松一下，不会影响你的事业。"

汉斯没办法，只好把公司暂时交给几个亲信，自己去国外疗养半年。半年后，汉斯的健康状况得到极大好转，更重要的是，他的心态发生了转变。在每日与湖光山色为伴的过程中，他明白了生命中还有太多需要享受的东西，赚钱不是最重要的事。回到公司后，汉斯注意劳逸结合，没想到的是，在他一张一弛的工作方式下，他的生意竟然更好了。

有些东西需要收敛，有些东西需要放松。舍弃那些不必要的欲望，才能换回相对轻松的生活。就像故事中的汉斯老板，重病一场他才明白劳逸结合的重要。或者说，他不是不明白自己需要休息，而是从前太不知足，总是想着赚取更多的金钱。为了金钱宁可放弃健康、放弃生活，这无疑是一种糟糕的选择，如果内心不知满足，人们永远会做出这种错误选择。

曾有一位名人说："如果你一直不满足，即使得到整个世界，你依然是不幸的人。"不能舍弃欲望的人就不能知足——这里的"欲望"指的是那些过度的，不切实际的念头，并非人们正常生活必需的那些愿望。不知足的人内心永远不完整，他们总是觉得心里空空的急需填补，但填了多少东西进去依然觉得空。他们不知道心灵的空虚只能用心灵上的享受填补，加进更多的欲望，只会让心灵如黑洞般越来越大，越来越黑暗。

"知足"并不是一种消极的生活态度，也并不倡导人应毫无欲望，更不赞同做人不思进取。"知足"只是我们对待生活的一种方式，比起那些轻视生活与挥霍生活的人，知足者更懂得拥有的可贵。他们的欲望不多不少，恰恰满足生活的要求、事业的要求、心灵的要求，自然比别人更加轻松愉快。

9. 虽然岁月匆匆，亦能从容赏景

有一个木制车轮被人砍下一个角，它从此成了废物，再也不能使用。车轮很伤心，它决定找一块合适的木块填补自己，使自己重新变得完整，有用处，于是它开始长途跋涉。

它走得很慢，一路上，它看到了美丽的草原、鲜艳的花朵，还有各种各样的动物。累了，它就在柔软的草地上打盹，听着风和小鸟的歌声，觉得心中十分安宁。

终于有一天，它找到了合适的木片，又变成了一个车轮。再次被装到车上时，它发现自己只顾着向前滚动，再也看不到美丽的风景，再也听不到动人的歌声。它觉得很痛苦，原来残缺也有残缺的好处，一旦走得太快，就会错过很多东西。

常听人感慨世事难两全，但不能两全也许并不是一件坏事，残缺的部分有时能给人带来惊喜。就像故事中残缺的车轮想要变得完整，一番旅程后，它突然明白当一个人太过圆满、太过急切，就会错过很多重要的东西。生命的意义不是不停赶路，有时需要步调慢一点，眼光不要只盯着前方不放，才能更好地欣赏大千世界。

一个人如果能以欣赏的眼光看待周围的一切，即使他不富有、不特殊、不引人注意，却也会有一份他人比不上的充实心态。人生的富足不在于拥有和索取，而在于你的心灵发现了什么。凡事如果囫囵吞枣，就会没了滋味。人要想有一双发现的眼睛，就要学会放慢步调，仔细观察周围的事物，用心体会周遭的每一个细节。当你能够做到用心灵体会周围事物的每一个起伏，你便拥有了一颗宁静的心。

我们处在一个忙碌的时代，身心每一天都在高速运转，大街上终日都有匆匆忙忙的身影。正因如此，心灵才更需要静来舒缓。我们的心就像一块柔软的布，被现实浸透挤压，皱皱巴巴，沾上各种泥浆，越来越硬。我们需要清风舒展它，需要细雨洗涤它。亲近自然，感悟生活，欣赏沿途的美景，就是心灵的清风细雨。

格林先生是个忙碌的英国人，每天都在为工作奔忙，连周六、周日也不休息。这一天，格林先生联系了一个位于偏远牧场的厂商，他开着自己的车去签合同。归途中，汽车抛锚，他打了电话给汽车公司，汽车公司的人向他道歉，说要半天以后才能来拖车。格林先生自认倒霉，给自己的妻子打了个电话，妻子说："既然晚上车才能回来，这个时间你不妨下车散散步，看看景色。"

格林先生本想在天黑前回到公司交差，现在，他知道交差无望，索性下了车，走向田野。此时是秋天，金黄色的野草蔓延在阳光下，有三三两两的牛羊在散步。眼前的美景让

暖心小语

生命的意义不是不停赶路，步调慢一点，才能更好地欣赏大千世界。

120

格林先生忘记了所有的郁闷。更让他奇怪的是，这样的景色他明明经常看到，为什么今天格外入眼？

格林先生一直逛到天黑。回家后，他对妻子说起今日的经历，妻子说："太忙碌的人就会忘记身边的风景。看来，我们应该经常去野外游玩，陶冶我们的身心。"

人们常觉得活得累，并不是因为生活本身就劳累，而是因为他们不肯停下来休息。故事里的格林先生因为一次意外的抛锚，看到了那些被他忽略已久的风景。如果一个人能常常提醒自己慢下来，就能多一些时光享受这美丽的世界。慢一点并不是停滞，只是让脚步更加舒缓，让目光更加柔和，让心灵更加空旷。

万物都是美丽的，特别是置身自然之中，绿色的树木能够舒缓你的双眼，清新的花香能够拯救你被人工香料"荼毒"已久的鼻子，广阔的天地能让你舒展被格子间束缚的四肢……人类是自然的一部分，亲近自然的时候，你才能找回生命最初的宁静，你会明白自己的渺小，察觉自己的幸福，懂得什么是满足。

静，就是一种回归到自然，体味生命本源的灵性。最简单的东西最能让人心情放松，也最有价值。多多体会简单的东西，那些能给你满足的事物就在你的身边：美丽的风景不应该只是一种摆设；心中的事业也不该是折磨人的重担；随着岁月增长的不是年龄，而是更多欢乐的机会，更加丰富的见闻，更为平和的心境。保持一颗宁静的心，记得生命最初的那份平和与透彻，不论顺境逆境，都能自得其乐，笑对人生。

第六章
一方山河锦绣，一心波澜不惊

> 我们一路走来，只是为了告别过往，欣赏沿途的风景。
> 于喧嚣红尘中，固守自己心中的那一方山水田园。繁杂之
> 中，留住本真，回归自然，修得静心。

1. 高山无法挡住流水，云朵无法遮住日月

古时候，有个男人心胸狭窄，经常和邻居发生口角，今天嫌东家的篱笆占了自己家的土地，明天骂西家的鸡吃了自己院子里的小米。有一天，他又和一位邻居发生争执，双方吵不出个所以然，男人决定去找一位智者评理。

智者听完了这个男人的话，对他说："我今天刚好有事，不如你明天再来吧。"

第二天，男人又去找智者，智者不在，弟子说："师父出去了，让我告诉你明天再来。"

连续几天都是如此。直到第五天，男人终于见到了智者。智者说："你有什么事要对我说？说吧。"男人想要数落邻居的不是，突然觉得那么小的事情，过了好几天还要说个没完，显得自己太没气量，于是说："没什么事，

就是来问候您一下。"

智者说："这就对了，仔细想想，世间能有什么大事？平和一点，没什么事值得你生气。"

心胸狭窄的人看世界也是窄的，处处都有气，事事都急躁。而为他评理的智者却不紧不慢，他知道忍上几天，怒气就会烟消云散。在得道者看来，世间本无事，庸人自扰之，与其急躁，不如从容待之。

拥有一颗平和的心，才能脾性不急躁，有了怨气才能够自行疏解，不与人因琐事起纷争。世间又有多少事真的值得自己生气？保持心平气和才能集中精力做好自己的事。

平和的心有定性，故行事不急躁，凡事都能深思熟虑，不会因一时冲动耽误了计划，带来不可挽回的损失。就像潺潺流动的河流，总能到达入海口，又何必激流澎湃？细水长流既能达成目标，又有悠闲自在的情致。

一个老锁匠一生制锁、修锁、开锁无数，年纪大了，他想找个弟子继承他的店铺，继续打他的招牌。在几个手艺高超的弟子中，老锁匠不知该选哪一个。

老锁匠想到了一个方法，他将三个柜子都上了三重锁，对三个手艺最好的弟子说："我想要从你们之中选一个当我的继承人，你们谁能以最快的速度开完锁，让我满意，我就将我的店铺传给他。"

三个弟子很兴奋，飞快地打开三重门锁，速度几乎一样。对这个结果，老锁匠不意外，他问了另一个问题："说说看，你们在柜子里

暖心小语

细水长流既能达成目标，又有悠闲自在的情致。

看到了什么？"

"我看到了一块金子。"一个弟子说。

"我看到一块宝石。"另一个弟子说。

第三个弟子瞠目结舌，呆呆地说："我只想着开锁，没有注意里边有什么东西。"

"你就是我的继承人！"老锁匠宣布。他又对其他弟子解释，"不论做什么都要讲修为，作画的人心中只有画，开锁的人心中只能有开锁这件事，其余的东西都能视而不见。一旦看不见，就不会产生非分之想，这就是我选他做继承人的原因。"

想要心态平和，就要抗拒诱惑，不要产生非分的念头。老锁匠选择继承人不仅看手艺，更要看徒弟们的心是否经得起考验，看到财物未必心生贪念，但不看不闻的人更显专心致志。当众人都在为外界眼花缭乱、心智不坚，能够一心一意专注于心灵的人，最是难得。

非礼勿视，就能杜绝非分之想。就像故事中的小徒弟，知道诱惑要不得，索性不去看，只做自己该做的事，这也是一种"得道"。只要守住自己的本分，世间就没有那么多求之不得，也没有那么铤而走险。遵循自己的人生，自然会得到自己的幸福，不属于自己的就算得到，也背上了不安或内疚，终究不踏实。

人是感情动物，平和的心需要自我约束，才能真正做到波澜不惊。所谓的平和并非没有感情，而是让感情更加平和。强烈的仍然强烈，只是它有了一个限制，不会因诱惑失去定力，不会因急躁失去判断力，也不会因哀伤失去目标。当感情有了平和的心做底色，它不会失去本应有的色彩，只会更加长久，更加专注。

2. 向着阳光，处处晴朗

古井旁有两个水桶，它们经常交谈。这一天，一个水桶对另一个水桶说："你为什么如此不开心？是不是发生了什么不幸的事？"

那个闷闷不乐的水桶说："我们每天都在重复着不幸的事。你看，我们进入井里，好不容易把自己装满，却又要立刻被倒空，到最后还是空荡荡地被晾在这里。"

发问的水桶说："原来你在烦恼这件事，你为什么不换一个角度去想呢？我们每次都是空空地下去，然后装得满满地回来，这是多么有意义的一件事。用这个角度去想，难道你不觉得很快乐吗？为什么一定要让自己烦恼？"

水桶的一生比人要简单得多，不过是在井里上来下去，它们的烦恼也很简单，装满的害怕自己被倒空，倒空的感叹自己刚要休息又要干活……来来回回不过这么几件事。不过 人的烦恼说穿了，不也就是这么几件？万事万物的烦恼原本没有什么质的区别。

不论是"得道"还是"知天命"，我们羡慕这样的人究竟为了什么？其实也不过是想知道究竟如何摆脱烦恼，从此远离忧愁。但仔细观察，那些所谓的"得道者"也并不是没有烦心事，他们不过是比常人更乐观，更有平常心。烦恼来了，他们不急着发愁，而是看到积极的一面，先做一番自我安慰。这样一来，忧愁自然就少，行动自然也主动，克服困难也比他人快一步。在现实生活中，这种"得道"意义重大。

乐观的人总能乐观，因为他们把快乐当作一种习惯。法国有位喜剧演员说，他每天都要对着镜子练习微笑，生活就是一面镜子，你对着它哭，它就哭个没完；你要是愿意笑着对待它，它就算有时耍脾气，最后总会笑着对待你。一颗乐观的心在任何时候都能陪伴我们圆满地渡过困境。而且，乐观的人比悲观的人更有运气。

三条贪玩的鱼在涨潮时玩耍，它们玩得兴起，退潮时忘记回家，被搁浅在有一点浅水的沙滩上。月光下，三条鱼像是听见了死神的脚步声，它们开始商量如何回到大海里。

一条鱼说："等到下次涨潮，我们可以回去，但在那之前，渔人就会发现我们，我们就要变成食物。不如我们鼓足力气，一点一点跳回大海。"

另一条鱼说："我想我们没有那么好的体力，我看那边有块礁石，不如我们藏在石头缝里，躲过渔人，等到涨潮时就可以回家。"

第三条鱼说："算了，算了，我们这么倒霉，不可能回到大海里，只能在这里等死了！"

那两条鱼没有理它，一条拼命打滚，跳回大海，一条藏进石缝，等到第二天涨潮，都回到了海里。第三条鱼直挺挺地躺在浅水里，第二天被早起的渔人一把抓住。

暖心小语

生活就是一面镜子，你对着它哭，它就哭个没完；你对着它笑，它也会微笑相待。

乐观的人总能乐观，悲观的人却总是看不开。乐观和悲观不仅仅是一种人生态度，还会决定很多事的走向。就像故事中的三条鱼，第三条鱼就是典型的悲观主义者，其他两条鱼都按照自己想到的办法，相信自己有机会活下去，只有第三条鱼干脆在原地等死。悲观的人放弃的不只是自己的快乐、阳光的心情，还有命运的主动权。

凡事都有两面性，即使在阴影中，也要相信阴影后面就是阳光，这才是乐观者的眼光。一个人如果想要快乐，就要常常培养快乐的心境，只有这样的心境才能让人有积极的思维。如果你觉得人生是不快乐的，要努力改变，为什么不尝试将阴影变为光明，将忧伤变为幸福？命运始终掌握在你自己的手中。

"知晓天意"，并不是远离世事，而是知晓了事物的起因和结果，用更积极的态度去面对人生。如果一味悲观消沉，就只能终身与忧伤为伴，让本该精彩的人生失去光彩。相反，要相信凡事都有光明的一面，你愿意寻找，你就是在向光明行走，心中的美好也在这向阳的同时滋生。选择一份积极的心态，就是选择了一份幸福的人生。

3. 你和气，生活就和气

古时候有个地主，脾气急躁，为人苛刻。有一天，他吃坏了肚子，半夜在床上疼得直打滚，他大叫侍女："小杏，快点拿蜡烛！快点蜡烛！"

侍女小杏慌手慌脚地在黑暗里找蜡烛，没想到被桌子绊了一下，跌在地上，还打翻了桌子上的东西。地主骂道："猪狗不如的东西！我每个月给你那么多工钱，你却什么也做不好！"小杏反驳说："您真不讲道理！这么黑乎乎一片，我也两眼一抹黑，什么也看不到，您倒是给我点个灯，让我快点给你找蜡烛啊！"

地主夫人听了对地主说："小杏说得没错，就是因为黑才要找蜡烛，如果都能看见，要蜡烛做什么？你还是扳一扳这副急脾气吧。"

古代君子讲究"严于律己，宽以待人"，但在真实的生活中，人们常常以宽容的心胸对待自己，以过高的标准要求他人。自己犯的错误都是可以原谅的，他人的过失简直不可饶恕。就像故事中的这个地主，对他人做出不切实际的要求，他人达不到便要大发雷霆，难怪脾气越来越躁，连夫人都看不下去，出言指正。

"己所不欲，勿施于人"，自己不喜欢做的事，不要推给他人；自己不喜欢的事物，也不要为难他人。要知道大家的心态是一样的，你将自己讨厌的事物给了别人，别人自然不悦，就不会把你放在心上。

人与人的相处充满了矛盾，因为思维个性的不同，在很多事情上很难达成一致。想要相处，就要学习如何为他人着想，特别是在向他人提出要求的时候，要多多考虑他人的情况，具体问题具体分析，不要总是责怪他人不用心、不细心，你不是他人，怎么能对他人的行为下定论？何况他人如果是在帮助你，感激是你最应该做的，而不是指责和呵斥。如果能尊重他人的奉献，人与人的相处就会越发有滋有味。

人与人之间如何保持和气？一来自己不要太过急躁，动不动就使性子发脾气；二来要多多体谅别人的难处，明白每个人处境不

暖心小语

遇事多多体谅他人，多多检讨自己 生活才能一团和气，不嗔不怒。

同，都有自己的不得已；三来要多想想自己的错误，也许错误不在别人身上，是自己要求太高，或者考虑不周。就像故事里的弟子们，多多检讨自己，自然一团和气，不嗔不怒。

多想自己的错误，就是把人际关系的主动权掌握在自己手中，并让它向更好的方向发展。须知人与人的关系可以很稳固，也可以很脆弱，就看你用什么方法来维持。你愿意为他人着想，他人自不会亏待你；你喜欢由着性子，他人也不会永远迁就你。生活中少不了与人沟通，若沟通的基础是互敬互爱，你自然也会受益良多。

人与人之间的关系，靠的是彼此的体贴与关怀，特别是在有分歧的时候，更要互相谅解，不然就算是朋友也会变成仇敌。在与人交往的时候，常常检讨自己的过失，不要只抱怨别人，也不要轻易责怪别人，这样才能让别人感到愉快，更愿意与你多多接触。在与人相处时，不要太急躁，遇事多多体谅他人，才能保证自身心平气和，处世顺心如意。

4. 慈悲，那是人间最明媚的温暖

一位隐者在山间居住，有个樵夫不喜欢他，经常找他的麻烦，每次见面都用言语侮辱他。隐者从来不与樵夫发生争吵。邻人为隐者抱不平，说："你总是忍着，他才越来越放肆！"

隐者说："如果有人送了你一件礼物，恰好那件礼物你不喜欢，说什么也不肯接受。你说，这件礼物最后属于谁？"邻人说："当然属于那个送礼物的人了。"

隐者说："所以，若我不接受他的谩骂，你说他在骂谁？这是他自己的损失，我倒觉得同情，这种脾气，让他在生活中添了多少烦恼？"

邻人会意。过了一段时间，山里的人果然都对无端谩骂他人的樵夫不满，而赞扬隐者不与人计较的豁达胸襟。而樵夫因此也渐渐开始检讨自己，不再谩骂。

古时候，有些高人隐居山林，不问世事，只求在山中修得心中清净。这样的隐士历来被视作得道高人，为人敬仰。得道之人因为对万事万物一视同仁，所以慈悲。就如故事中的这位隐士，明知樵夫辱骂自己，既不辩驳，也不抱怨，反而同情樵夫的境遇，这才是真正开阔的心胸。这位隐士是隐者，也是智者。

慈悲是什么？慈悲就是能为他人着想，就算自己受到了不公正的待遇，依然能够站在他人的角度考虑问题，不以自己的遭遇迁怒他人。慈悲并不是一件简单的事，它需要很大的耐性，更需要广阔的包容性，有时候还要牺牲自己的利益，收敛自己的感情。但是，慈悲有积极的意义，因为你的慈悲，总会有他人受益，受益者会被你的善心感化，帮助更多的人。不知不觉，以你为中心，人们开始重视为他人考虑，你一个人，就能带来一个群体的和谐。

凡事以自我为中心的人不懂慈悲，他们只会计较自己受到了什么样的待遇，得到了什么样的好处，一旦有人对他们有所冒犯，必然勃然大怒，甚至睚眦必报。他们人不肯为他人做出牺牲，凡事都不顾念他人的心情，我行我素，不断伤害周围的人。这样的人很难让人从心底产生亲近之感，因为他们没有慈悲之心，他人自然也不会对他们产生深厚的感情。

130

一个化学实验室的助理在下班后找到导师，抱怨刚刚进入实验组的学生笨手笨脚，什么都做不好。不管他怎么教，他们还是经常搞错最简单的公式。为此他建议："为了实验着想，我建议把他们踢出实验组，他们实在太笨了！"

导师耐心听他说完，对他说："两年前，你是研一的学生，进入这个实验室，你还记得当时的事吗？当时你也经常搞错实验步骤，给别人添麻烦。有人也建议我不要用研一的新生，太嫩，耽误事。要是当时我把你弄出去，现在谁当我的助手？"

听了导师的一番话，助理不禁脸红，他想到这几个学生都是以优秀的成绩考进这个学校，又被导师选中才进实验组。谁没有不成熟的时候？谁不害怕做不好事情？看来，自己应该宽容一点，经常鼓励他们，他们才会越做越好。

没有人是天生的强者，即使是天才，也有蹒跚学步、笨手笨脚的阶段。人都是在不断地学习中才能进步，当人们学习的时候，很希望有一个能够鼓励自己的教导者。故事中的助理曾经遇到过这样的教导者，但他看到初学者时，却忘记了自己曾经受到的帮助。细心和耐心应该被传递当你受到过别人的好处时，就该想到有一天，你要把这帮助传递给需要的人，这才是人与人相处中最重要的东西——善意。

每个人都有自己的特长，也许你在各方面都比他人强很多，也许你在某一方面尤为出众，这个时候你要明白并非人人都是你，都能和你做得一样好。或者想想在某些方面，你还远远不如他人，你也需要他人的指导才能做

暖心小语

你的一念慈悲，总会有他人受益，受益者会被你的善心感化，帮助更多的人。

好。这个时候，你还能够指责吗？考虑到初学者的忐忑，也许你会忍住自己的脾气，耐心地教导他们。

站在他人角度想事情，受益的不仅仅是那个得到你帮助的人，还有你自己。因为站在他人的角度，你看问题自然就多了一种视角，比从前更加全面。如果你能站在最多人的角度考虑，就可以一窥事物全貌，巨细无遗。这个时候你也许就会懂得为什么那些得道之人有更多的智慧，就是因为他们曾站在最多人的角度看这个世界，因为他们拥有对这个世界的善意、对他人的慈悲心。

5. 沉得住，方有香醇浓郁

有只驴子读过一些书，认识不少字，很多动物称赞它有学问，它就以为自己是世界上最有学问的。它经常自以为是，对动物们指指点点，以炫耀自己的才学。

这一天，驴子遇到了一只夜莺，这只夜莺是森林里著名的歌手，它声音甜美，唱起歌来令听众陶醉不已。夜莺有礼貌地跟驴子打了招呼，驴子说："夜莺啊，我早就想和你说说话，你是这森林里最有名的歌手，但在我看来，你唱歌也不是十全十美。"

夜莺欢快地说："世界上没有十全十美的歌手，我也很想知道自己的缺点，如果你愿意就给我提提意见吧！"驴子一本正经地说："我认为你唱歌的确不错，可是，你的声音没有公鸡洪亮，你听过公鸡打鸣的声音吗？如果用那种声音来唱歌，那多么震撼人心！我觉得你应该考虑拜公鸡为师，学习一下打鸣的技巧。"

驴子的这番话说完，夜莺很客气地道谢，其他的动物都哈哈大笑。没多久，整个森林都知道了驴子的这番高论。但驴子仍然以万事通自居，走到哪里都要指指点点。

自以为是的人常常让人哭笑不得，他们总以为自己是万事通，凡事看到了就要掺和进去，发表自己的一番"高见"。不过，这种人就像故事中的那只驴子，对根本不了解的事说三道四，让人笑话。实际上，当他们侃侃而谈，说得头头是道的时候，大家都知道他们在不懂装懂。他们说的话，只能当作胡说八道，谁也不会重视。

人的学识就像一个容器，最好的应是那种庄严的大鼎，不但有容量，而且有重量，看到的人既了解他们的分量，又不能轻易猜测出他们的底细。而那些喜欢夸夸其谈的人，他们的学识就像酒杯，让人一眼就知道底儿。更糟糕的是，因为他们太爱张扬，炫耀，这个酒杯连底儿都没有，只给人留下肤浅的印象。如果一个人不能妥善对待自己的才学，就会成为没有底儿的酒杯，让人遗憾。

自以为是的人会在不经意间得罪他人，对人际关系没有半分好处。因为他在炫耀学识的时候，必然会有真正的有识之士发觉，出于尊重，他们也许不会出言指正，但在心里却难免轻视这种浅薄之人。而且处处以自己的意见为重，难免和人发生冲突，以肤浅的学识去抗衡深厚的学识，自己还没有自觉，这样的人走到哪里都会被人笑话。

暖心小语

品德若是与学识相辅相成，就像陈年美酒，越是沉得住，越是香醇浓郁，让人向往。

章华永远记得年少时，班主任为学生上的一节特别的课。那一天班主任宣布课外活动，带着学生们走到野外。那时正是秋天，麦子成熟，老师对学生们说："这麦田一望无际，但麦子的质量却不一样，有些麦子割下来是实心的，有些里边却是空的，这种麦子就叫稗子，你们知道麦子和稗子有什么区别吗？"

　　学生们纷纷摇头，老师说："你们仔细观察，田里的麦子有何不同？"

　　"有的抬着头，有的低着头！"有学生说。

　　"没错，那些低着头的麦子就是实心的，因为它们有内容，也有修养，它们知道自己的一切都来自于大地，所以将头谦虚地朝向大地。而那些昂着头的就是稗子，它们没有内涵，却骄傲自大，所以将头朝向天空，唯恐别人看不到。你们今后一定要注意，不论有多大的本事，都要像麦子一样谦虚，否则，就会成为没有多大用处的稗子。"班主任说道。

　　孔子说："知之为知之，不知为不知，是知也。"想要得到真才实学，就要像麦子一样低下头，这样的人才厚重。那些对事情一知半解便开始扬扬得意的人，也许有人会被他们那故作高深的外表蒙蔽，但他们却会在真正的行家面前露出马脚。

　　对待知识我们需要一种谦虚的态度，知道就是知道，不知道就要虚心学习。不要以为别人不如自己，别人那里永远有你不了解的知识，你需要做的是把它们收为己用。自欺欺人最不可取，因为世界上没有那么多傻瓜，更多的时候是别人不说，在心里拿你当傻瓜。

　　和人相处我们更要有谦和的心态，术业有专攻，没有人能样样全能。每个人都有特长，在自己不擅长的方面，切不可摆架子，要做到不懂就问，一知半解只会让自己更加无知。懂得了什么也不要急于表现，要做一个有学识并且有道德的人。品德若是与学识相辅相成，就像陈年美酒，越是沉得住，越是香醇浓郁，让人向往。

6. 放低自己，开出美丽之花

　　某大学教授在讲授选修课，几周之后，他发现听课的人越来越少。这一天，他提早结束课程内容，和学生们谈话，他问学生："为什么大学生这么爱逃课？"

　　"因为大家都觉得老师讲课没意思，还不如去自学。"学生们说。

　　教授听完说："现在的学生真让人无奈，当年我在北大，生怕错过老师的一堂课，每堂课都早早去占位置，唯恐漏下一句。难道他们不知道人外有人，天外有天？"

　　"恐怕就是如此。"有学生说。

　　"年轻人搞学问就好比种花，如果不把自己埋在土里，让人灌溉，如何能开出花朵呢？可惜，可惜。"教授叹息。教授的这番话被学生传了开来，不久之后，课堂里的学生越来越多。想来是他们听了教授的话，觉得有道理，纷纷回到课堂。

　　每个人都希望自己能够尽快脱颖而出，多数人迫不及待地想表现自己，处处张扬，唯恐别人看不到自己。故事里的老教授希望总是逃课的学生能有谦虚的心态，把自己当作一颗需要浇灌的种子，而不是早早开放的浮躁花朵。

眼高手低是年轻人的通病，凡事说得好，心气高，真要做起来却并不那么优秀。这样的人不是没有才能，不是没有前途，只是他的才能并没有他想得那么多。如果再不知道虚心的重要，拒绝接受他人意见，他的前途自然也不会像自己想得那么好。

年轻人要当一个茶壶下的茶杯，想要进步，最重要的是先把自己放低，你的眼光应该在最高处，但你的心态一定要在最低处，随时接受他人的教诲，随时补充对自己有益的各种知识。没有人肯对一个高高在上的人说教，你的态度谦虚，别人才愿意指教你，你越真诚，越能得到真知识。同时，也不要随随便便对他人说教，也许你的意见根本没有建设性，多听少说，谦虚的人都知道耳朵比嘴巴更重要。

西方一位哲学家说："想要到达最高处，必须从最低处开始。"有了一点成绩就飘飘然的人做不了大事。总以为自己的成绩多么了不起，就是限制了自己的目光，看不到别人的优秀。想要做大事必须学会"手低"，善于做小事，把每一件具体的小事做好，以此去实现自己的远大志向。正视自己，保持谦虚，这就是做大事者必备的心理素质。

7. 谦和，如春风化雨，润物无声

华歆是三国时的名士。相传，有一次他当了大官，他的朋友们前来送行，送了不少贵重的礼物给他。华歆为人清廉，不愿接受众人的礼物，但他又不想扫了众人的面子，于是就在礼物上写下送礼人的姓名，原封不动地放在家中。

华歆离开家去上任的那一天，设宴款待亲朋好友。酒过三巡，他真诚地对朋友们说：“谢谢各位的好意，为我准备了如此多的礼物。可是，我马上就要远行，如今世道不太平，带着这么贵重的东西，恐怕有闪失，不但辜负了各位的心意，还可能招致祸患。各位愿不愿意为我的安全考虑，拿回自己的礼物？”

亲朋好友听了这番话之后都明白了他的意思，于是大家各自取回礼物，对华歆的敬意也油然而生。

一个有道德的人要保证不违背自己的原则和良心，这只是基本要求。如果我们把要求提高一些，就要在不违背良心的基础上为他人考虑，尽量照顾到他人的自尊和面子。就像故事中的华歆不想收朋友们的礼物，就找到“人身安全”这个理由，既有说服力，不伤害亲友们的好意，又保证了自己的廉洁，这就很值得敬佩。

一个人能力有限，做不到事事周全，但要尽可能做到相对周全。一个有德之人不会罔顾他人的好意，所以在很多问题上，不能只考虑自己的喜好、利益、原则，你可以选择用一种委婉的方式拒绝对方。但万万不可强硬唐突，伤了别人的尊严，也损害了你们的关系，更可能招来他人对你的怨恨。

在美国南北战争时期，北方部队由格兰特将军率领，南方部队由李将军率领。后来南方部队投降。按照惯例，李将军要在受降仪式上向格兰特将军投降。

受降仪式后，格兰特将军对自己的部下说："李将军是值得我们尊重的将军，他被俘的时候异常镇静，穿着整洁，仪表堂堂，气度不凡，而我这种穿着普通军装的矮个子，在他面前真是相形见绌。"

这件事很快传遍美国，大家都说，格兰特将军不但有胜利者的实力，还有胜利者的气度。

胜利者能得到荣誉，但决定人口碑的不是一项荣誉，而是更内在的东西，这就是人的品德。故事中的格兰特将军就是一个德才兼备的人，他为南北战争立下汗马功劳，已经能够让他名垂青史，更让人敬佩的是他对对手的礼让与尊重。唯有一个真正有底蕴、真正有自信的人，才会尊重对手，才会时时保持谦虚。

暖心小语

对待成绩要谦和，重要的不是你过去做过什么，而是你未来能做什么。

有些有了成绩的人喜欢摆架子，别人还没有高看他们，他们首先要把自己捧得高高的。他们所希望的不过是被人仰视，享受胜利的快感。这种心态虚荣而且浮躁，偏离了君子"不骄不躁"的道德准绳。要知道一个人不可能时时成功，那些失败者未必比你差，即使是你的手下败将，也会在某一方面比你强很多。迫不及待地显示自己的胜利，只会让人看到内里的羸弱，哪个真正的胜利者需要出口夸赞自己？如果那胜利真的深入人心，夸赞你的应该是别人。

对待成绩要谦和，重要的不是你过去做过什么，而是你未来能做什么。成绩再好，也已经属于过去，有智慧的人永远向前看。何况比起未来，你现在的成绩并不算什么。有德行的人在成绩面前不会掉以轻心，他们会让自己更勤勉一些，更谦虚一些，唯有如此，才能真正消解心中的浮躁，平稳地到达心中的目的地。

8. 温暖三冬的，是良言

一位老诗人正在一所大学为学生们演讲。老诗人年事已高，声音有些颤抖，他所讲的那个理论也还停留在几十年前，早已过时。出于对老人的尊重，观众们用心地听着，不时报以掌声，这时一个学生大声说："您讲的东西早就过时了！这样的诗歌放到现代根本没人会去看，更记不住。这些东西也只有老古董会去读几行！"

现场的气氛冷了下来，老诗人的双唇颤抖，好不容易才把演讲稿读完。观众们都对那个学生投以冷冷的目光。演讲完毕，老诗人伤心地乘车离去，据说回家后一直很沮丧。那个学生听说这件事后，很后悔自己的失言，他想向老人道歉，又知道道歉于事无补。只能盼望这位老诗人早日想开点。后来，老人通过别人知道了他的后悔，托人转告他说："不要在意这件事，我已经不去想它了，你也忘了它。今后说话要考虑别人的心情，不要无缘无故地伤害别人。因为你眼中的错误，可能是别人一辈子的坚持。"

良言一句三冬暖，恶语伤人六月寒。故事中年轻学生的一句话，让年老的诗人伤心不已。学生年少无知，不会顾及别人的心情，老人最后虽然原谅了他，但内心的伤口其实并不能弥补。有时候一句不经意的话，就会毁掉他人的心情、他人的自信，甚至他人的生活，所以说话之前要多多考虑，不要口无遮拦以致伤害他人的感情。

言者无心，听者有意，说话时要考虑别人的心情。一句话对你而言，也许不包含判断，不包含爱憎，仅仅是一句话而已；但在别人看来，那可能是一句让他心里觉得别扭的讽刺，也可能是恰好踩到他痛处的挖苦，有时候还可能成为他评价你的依据。人与人交流靠的是语言，不重视语言，话拿来便说，丝毫不考虑后果，实属不智。

言为心声，对他人口出恶言的人，心中少了对他人的善意。试想一个人如果真正为他人着想，会不会丝毫不考虑他人感受随便说话？也有一种人是刀子嘴豆腐心，嘴巴厉害心肠软，这样的人相处久了，了解的人也会与他好好相处。但终究不如那些会在言语上多加重视，从来不出口伤人的人来得亲近。和这样的人相处，得到的是一种精神上的安慰，他们永远会以温和的态度与你交流，即使提出批评，也会让你乐意接受。

作为森林之王，狮子是一个讲究领导艺术的统治者，它从不让自己的臣民难堪，即使提出批评，也会选择最容易让人接受的方法。

一天，山下的农民跑来告状，说山里的猴子偷走了田里的玉米。狮子表示它会处理这件事。它让人叫来猴子，对猴子说："去年一年，因为我的领导失误，森林里发生了很多事，我没有带着大家得到更多的粮食，导致你们一家吃不饱饭，只好去山下拿一些玉米给家里的老人填饱肚子……"

猴子没想到国王如此体贴下情，它感动地说："的确是我们不对，不应该去偷农夫的玉米。今年我们会更勤恳一点，不再让这种事发生。"最后，猴子满面笑容地出了王宫。一次"批评"，让动物们对国王更加心悦诚服。

批评人最需要技巧，否则就是不被人欢迎的指手画脚，常常招来他人的抵触心理。故事中的狮子首先检讨自己，然后再说别人的不是，用自己的虚心换来他人的虚心，这就是会说话的人。会说话的人把交谈当作一种艺术，注重的是沟通的效果。

耐心与平等是友好沟通的基础，不论是夸奖别人还是批评别人，切记不要说"过"。想要夸奖一个人，用平和的语言、真诚的态度会让被夸奖人得到信心和鼓励，看到自己的价值和作用，这样的夸奖人人需要、人人喜欢。但如果总是夸奖，夸过了头，就成了让人警惕厌烦的奉承。想要批评一个人，如果能够推心置腹，处处为对方考虑，诚恳地与对方交换意见，自然能让人心悦诚服。如果高高在上，就会让被批评者产生逆反心理，甚至会把你的好心当作恶意。你开的是良药，人家没准当作炮弹，记恨于你。

一个有德行的人要留心自己的言语，不要说不该说的话。不该说的话有三种：流言、闲言、他人的缺点。流言，你说了就再也收不回来，你也成了传播是非的人，会遭人鄙视。闲言是无聊人士茶余饭后的谈资，你也许不能不听，但不要跟着参与，因为你并不了解事情，没有发言的权利；他人的过错，如果在他面前说，那是批评，在人的背后说，就不是君子所为，必须避免。任何时候都要让自己的语言符合自己的品德，语言是为了交流产生，一定要把它当成维护人与人关系的工具，而不是伤害他人感情的利刃。

9. 愿心中的执念，被时光的河流打磨圆润

过犹不及，世间万物都是如此。过分看重金钱的人，常常成为金钱的奴隶；过分看重名利的人，为了更高的位置不择手段，毁了自己的未来；过分看重安逸的人，就会贪图享受，不思进取；过分看重所谓的"人品"，就会无法接受他人的缺点，与世俗格格不入……执念太深，就变成了执迷不悟。执着让人专注，让人奉献，却也让人迷失。

人需要有一些执着精神，否则凡事浅尝辄止。看到有兴趣的东西就去尝试，遇到一点小困难就放弃，这就是不够执着的表现。而执着的人知道毅力的重要，他们一旦有了兴趣，就要弄懂弄透，不会害怕困难，更不会半途而废。他们大多是成功者。

执着与过分执着有什么区别？拿登山为例，有些人不过到了半山腰就下去，这是半途而废者；那些真正攀登到山顶，享受了会当凌绝顶的快感，留下了美好回忆，然后下山去攀登另一座高峰或者去做其他有用的事的人，就是执着者；那些好不容易攀到山峰，从此留恋不已再也不肯下山，或者到了半山腰，明明前方再也无路可走，宁可在山腰上抱怨也不肯下山的人，就是

过分执着。

一个年轻人读过很多书，写过一些被人称赞的诗歌，自以为是个天才。他想要得到更高的地位，受到更多人的关注，他对自己的现状越来越不满，于是陷入了痛苦之中。

年轻人的父亲见儿子愁眉不展，就对儿子说："你这么不开心，不如放下工作，和我一起去海边走走吧，也许海边的风景能令你恢复活力。"

儿子和父亲去海边度假，每天早晨，他们看到渔船出海归来，将渔网里的鱼在阳光下晾晒，儿子问渔夫："你们出去一次，能打回多少东西？"渔夫说："我们不计较能打回多少东西，只要不是空手而回，就没有白去一次。"

年轻人突然领悟了什么似的，对父亲说："我觉得我没必要为现状哀叹，如果看不到自己的成绩，我会越来越失落。事实上我已经得到了不少东西，难道不是吗？"

"是的，我很高兴你想开了。"父亲说，"执着固然重要，但比执着更重要的是快乐。"

很多时候，执着代表着对自己的高标准严要求，并不是一件坏事。但凡事都有度，一旦要求过了头，就会变成巨大的压力，工作不再是工作，变成了压迫；成绩不再是成绩，变成了休息站，预示前边还有更多事要做；目标也不再是目标，变成了自我强迫的源头。

故事中的青年很幸运，他有一个明理的父

亲，在他即将被压力压垮的时候，带他去大自然中放松身心，体味人生百态。人往往不能自己明白、醒悟，但如果长久地执迷不悟，只会被执念羁绊。执着本来是件好事，一旦做过了头，就成了错误。

执着到了深处就变成了一种贪念，是因为得不到，或者得到的不够多、不够好。这个时候继续追求，实际上已经超过了自己的能力和承受力，追求那些本不属于自己的。人生最大的悲剧就是追求错误的东西，这等于放弃了原本属于自己的幸福，硬要走一条充满坎坷的路。

第七章
一杯清茶幽香，一心温润美好

无论日子过得多么窘迫，都要从容地走下去，不辜负一
世韶光。如果有来生，就做一棵树，站成永恒，没有悲伤的
姿势，一半散落阴凉，一半沐浴阳光。

1. 不沉溺于安逸，让心自由飞翔

我们每个人一生几乎时时刻刻都在受着安逸享乐的诱惑。每当夏季烈日炎炎酷暑难当之时，就会想起冬日的严寒，以及一家人围坐在火炉边的惬意和温情；然而到了冬日冰天雪地、天寒地冻的时候，又会想起夏日里，畅快淋漓地冒着大汗吃着雪糕的潇爽与痛快。

人人都向往安逸自在的生活，但人生不会轻易赏赐你安逸，因为安逸实在是一场陷阱。

古人有"生于忧患，死于安乐"的名言警句，后来又有"艰难困苦，玉汝于成"的鼓励。这就在告诉我们，成功总是与艰苦相伴的，而与安逸享乐无缘。那些贪图享乐、害怕挫折困难的人，是永远都无法走出平庸的泥沼的。

安逸是通往成功的最大障碍，安逸的暖流会消磨人的意志，人一旦渴望并接受了安逸，就如同掉进了温柔的陷阱，再也出不来。逐渐地，便失去了努力的动力和奋斗的方向，成为"蛀虫"，坐吃山空，难以自立。所谓的"富不过三代"指的就是这个意思。

也许你不敢相信，比尔·盖茨坐居首富地位，居然对他的孩子们十分吝啬，他甚至严格控制孩子们的零花钱。他自己也十分节俭，也从不让孩子们多花钱。

比尔·盖茨给孩子们灌输这样一种观念：家里的钱都是爸爸妈妈辛苦赚来的，你们要花就应该靠自己的劳动来赚取。于是在家里盖茨设置了家务劳动赚钱的规矩，对每一项劳动都明码标价，绝不多给孩子们一分钱，让他们明白钱是靠自己的劳动得来的，而不是可以不劳而获的。

试想，如果比尔·盖茨由着孩子们花，他赚的那些钱也可以保证他们一辈子衣食无忧。但若真是那样，盖茨就等于养了一群蛀虫，孩子们就不会有什么未来。比尔·盖茨深知太过安逸的环境会对孩子们产生多大的危害，因此宁愿自己唱白脸让孩子们觉得父亲严厉、苛刻，也不愿意孩子们在安逸的环境里长大、长歪。

人的一生就好像是一次旷野中的旅程，必然要经受无常风雨，因此世人都希望获得一份安逸的生活，然而这就很容易让我们忘记"居安思危"这个道理。有一首诗形容得好："四蛇同箧险复险，二鼠侵藤危更危；不把莲花栽净域，未知何劫是休时。"这来自一则小故事：

暖心小语

安逸是通往成功的最大障碍，会消磨人的意志。

有一位行者在途中被一只猛虎追赶，可荒郊野外的，根本无处藏身，于是心急如焚。他拼命跑着，突然发现眼前出现了一口枯井，行者欣喜若狂，奔到井边，井边正好有一根藤，于是他便顺着藤往井下躲去。

谁知，当他快要到达井底时竟看见盘着四条毒蛇，都吐着红芯子，昂头盯着他看。行者一看吓了一跳，只好攀着藤挂在半空，不再往下。正当他想松一口气时，却发现两只老鼠正在咬他的救命井藤。一旦藤被咬断，他将跌落井底，受粉身碎骨与毒蛇咬噬之苦。一想到此，行者便恐惧忧骇，急忙想解决办法。正当此时，一群蜜蜂从井口飞过，滴下几滴蜜来，恰巧竟落在行者嘴边，他一尝，甘甜丝丝入心田。行者一下子沉浸在甜蜜中，竟忘记了身处险境，最终跌入井底。

这几滴蜜正是人世之安逸。人在安逸中常常忘记了自己的使命，甚至原来的自己；在安逸中常常不能忍受挫折，心也容易受影响、受波动；在安逸中自己的信心也很容易流失，甚至失去原本光明的本性，所以，居安思危，安逸之人一定要守住自己的本心。

中国历史上就有"从来贫贱多才俊，自古纨绔少伟男"的说法，这句话说明了环境对于人的影响的深刻性。过于安逸的环境，并不会让人得到锻炼和成长，相反只会让人失去斗志，没有奋斗的动力，待在原地不愿前行。成功的人往往都是那些经历过大灾大难或者贫苦生活的打磨的人。

除了在金钱上的安逸，还有思想上的安逸。如果一个人对自己目前的状态过于满足，就失去了任何想要进取的动机。这种安逸不仅从经济上危害人，更重要的是它会让人彻底失去前进的内在需求，让人整日"混日子"，没有任何进步可言。其实，每日认真努力工作也是一天，浑浑噩噩混过去也是一天，为何不让自己的人生变得激情充沛一些呢？

纵容自己在太安逸的环境中，抱着安逸的思想，其实是在自掘坟墓。为此，与其祈求那害人的安逸，不如对自己狠一点。这里的"狠"，指的是有意识地让自己吃一点苦，让自己在吃苦受累中得到成长。这是一种自我督促，不至于处于安逸的环境里停滞不前。

比如，今天的工作任务是下班后背诵一篇古文，很多人就会给自己找各种理由，上班太累了，不如跟同事一起去放松一下，回来再背，结果玩完了回家倒头就睡，完全忘了自己给自己定的任务。时间一长，所有的计划都打乱了。

心宽者能够容得下安逸，更能经得起波折，只有从容淡定地对待这一切才能度过一个波澜壮阔的人生。要知道，一开始就选择享受的人和一开始就执着奔波、千锤百炼的人，最后的结局往往是前者成了废料，后者成了珍品。

2. 心淡者：淡对波折而不恼

挫折能带给我们什么？是悲观，是沮丧，是丧失自信，是失去正常的判断力。也许这是大多数人的看法，于是很多人害怕挫折，想尽一切办法逃避困难。但其实你逃避的不是困难和挫折，是一次成长的机会。

挫折的确会带给我们一些悲观、失望等消极的情绪，以至于让我们对事物失去正常的判断力。这时，你的确不应该对重要的事情做出裁决，特别是可能对我们的生活产生深远影响的人生大事。但这种悲观沮丧的消极情绪不会影响我们一生，它只是暂时的，是能够摆脱的，只要你能将心放宽一些，荣辱成败看淡一些。

当事业上经历挫折的时候，如果我们能够摆脱悲观的情绪，在失败中寻找契机，也许我们就能成功。在生活上遭遇困境时，如果我们能够乐观积极地看待，不让意志消沉，我们就会在黑暗中看到曙光。

当你能够学会珍惜挫折而不是逃避的时候，你的心胸将会更加宽广。一个人在看不到希望时，仍能够保持乐观，仍能善用自己的理智，这是十分不容易的。这时的挫折不但不会消磨意志，反而能够助你穿越绝境转败为胜，获得人性的豁达。

约翰从小立志当医生，因此在他20岁的时候，他如愿以偿地考入了医学院。刚一入学，他就被医学院严谨的学习气氛迷住了。可是，好景不长，基础知识学完了，他们进入了解剖学和化学的课程。这时，约翰每天都要面对不同的尸体，这让他感到十分恶心。以后的日子里，他每天走进实验室都心惊胆战，唯恐又见到什么让人想呕吐的景象。

恐惧的心情一直折磨着约翰，直到有一天，他开始怀疑自己的选择是错误的，而自己也根本不适合医生这个行业。思量再三，约翰决定退学，然后选择一个更适合自己的职业。第二天，他就把这个决定告诉了教授，教授又说："再等等吧，你现在的决定并不能代表你的心声。等到你的决定忠于了你的心的时候，你再来找我。"

于是，日子就这样一天一天过去，约翰依然每天都在受着恐惧的煎熬。这样不知过了多

暖心小语

挫折不但不会消磨意志，反而能够助你穿越绝境转败为胜，通往人性的豁达。

久，他居然开始习惯了实验室里福尔马林的气味，熟悉了各种尸体的结构，渐渐地不再对实验室感觉畏惧了。四年后，约翰以优异的成绩毕业，同时还接受了一家大医院的聘请，成了那里最年轻的医生。

多年后，在一次同学聚会中，教授笑着对约翰说："还记得吗？你当年想放弃。""是的，教授，您阻止了我。"教授说："那时候你太悲观，还不能了解自己的心，所以我让你冷静下来。约翰，你记着，人在遇到挫折、悲观失望的时候，千万别马上作决定，要给自己一点时间想一想，之后得到的答案也许就跟原来不同了。"

当你遭遇挫折的时候，千万不要以一个悲观的心态作决定。智慧才是最有用的，它能帮助你做出正确的抉择，当有人引诱你走放弃的道路时，要静下心来，坚定自己的目标而不受外界影响。当你的心开始动摇的时候，要懂得宽慰自己，心淡者，淡对波折而不恼。放宽心，等一等，当那些消极的心境过去之后，你才能做出正确的判断，从而走上成功的道路。

如今许多年轻人，他们在工作遭遇困难的时候选择了放弃，换成了自己完全不熟悉的领域。殊不知，这只会让你面对的困难更大更难，如果还是没有信心，任由悲观失望的情绪控制，那么就注定了一事无成。

艰难困苦能磨炼人的坚强意志，这往往是我们成事的心理基础。人生在世，没有谁的道路是风平浪静的，有的人选择逃避，选择破罐子破摔，这时的挫折就成了他的致命伤；而如果你选择放宽心态接受它、挑战它，挫折反而会为你的成功增添一臂之力。

将心放宽，看淡挫折和困难，任何时候都不要放弃希望，那么你终将抵达成功的彼岸。

在一片茫茫无垠的沙漠上，法师协同几位弟子在那里负重跋涉。

炽烈的阳光烤得脚下的沙粒发烫，口渴如焚的几位师兄弟已经很久没有水喝了。水是沙漠中的信心和源泉，一旦没有了水，后果可想而知。

大师兄实在忍不住了，问师父还有没有水。

师父从腰间拿出一个水壶说："还有满满一壶，但在成功穿越沙漠前，谁也不能喝。"

几位师兄弟欣喜若狂地凑过来摸着水壶，沉甸甸地，一种生命力在他们的脸上逐渐弥漫开来。

不知走了多久，终于，他们挣脱了死亡线，成功穿越了沙漠。当他们喜极而泣时，突然想起了那壶给了他们力量和信念的水。

这时，尘缘法师打开了壶盖，一壶细沙缓缓倒出。

几位师兄弟震惊了。尘缘法师对众弟子们说："瞧，只要你想，干枯的沙子也可以成为清冽的山泉，只要你的心里驻扎着水一样的淡定和宽广。"

无论生命处于何种境地，无论你遭遇了怎样的挫折和打击，承受着怎样的绝望，只要心中藏着一片青凉，生命自会有一片诗意的栖息地。我们最宝贵的财富之一便是希望，所以罗素说："从感情上讲，未来比过去更重要，甚至比现在还重要。"珍惜小小的挫折，把现在的挫折当成未来成功的信念，那么你就有勇气和力量穿越种种不幸。

我们不能控制命运，却可以掌握自己；我们无法预知未来，却可以把握现在；我们无法左右变化无常的天气，却可以调整自己的心情。淡定一点，从容一点，与挫折共舞，你的胸膛将会更宽广。

3. 心放平了，一切都会风平浪静

《庄子·养生主》有："安时而处顺，哀乐不能入也。"大意是，安于常分，顺其自然，满足于现状。我们不得不说，古人的智慧真是高深莫测，是我们浮躁功利的现代人所不能比拟的。

曾有一位当代知名书法家为一位名人题字，名人表示说自己钟爱"室雅人和"，但最终书法家题了另外四个字：随遇而安。也许书法家考虑年龄和阅历，才题了这四个字。其实，随遇而安讲的就是"安时处顺"的奥妙。

安时，说的就是时辰、时间的顺序前进，该做什么就做什么，该什么时候做就什么时候做，不特立独行，不独占鳌头。往深了讲，则带有一定的机缘，即这个时刻能做些什么就做些什么，不强求，因为一切的一切都要密切观察事态发展，只有静下心来等待玄机，才能顺理成章地成就点事情。

处顺，即一方面顺势发展，自得其乐。当时机还未到时，安守本分，不骄不躁，心淡如云。一旦时机成熟，应当顺应时机抓住机会，应势而行。处顺要与安时配合起来，只有这样，一个人才会渐入佳境，即使修不成正果，也算锤炼了修养，修炼了意志，陶冶了情操。

早春时节，师父交给弟子一些花种，让他将花种种在院子里。弟子便拿着花种往院子里走去，可是走得太急了，突然被门槛绊了一下，摔了一跤，顿时手中的花种撒了满地。弟子好不遗憾地看着师父，只见师父在屋中说道

"随遇"。

弟子想着还是把花种拦起来吧，于是就去拿扫帚，突然天空中刮起了一阵大风，把撒在地上的花种吹得满院都是，师父这个时候又说了一句"随缘"。

弟子一看，这可怎么行？花种都被吹跑了，就越发急忙地去扫院子里的花种，这时天上下起了瓢泼大雨，弟子只得跑回屋内，哭着向师父道歉，然而师父只微笑着说了句"随安"。

很快，暖春到来，一天清晨，弟子突然发现院子里开满了各种各样的鲜花，他蹦蹦跳跳地将这个喜讯告诉师父，师父这时说道"随喜"。

一次种花事件，师父却道出了整个人生缩影，随遇、随缘、随安、随喜，就是说让我们遇到不同的事情、不同的情况时，都要以一颗"随遇而安"的心态去面对。

大文学家苏东坡曾经多次被流放，对此，他却能泰然处之，他说，要想心情愉快，只需要看到松柏与明月也就行了。何处无明月，何处无松柏？只是很少人有他那般的闲情与心情罢了。如果每个人都能放宽心，做到随遇而安，及时挖掘出身边的趣闻乐事，那么不管是生是死都能轻松对待了。

环境往往会有不尽如人意的时候，问题在个人怎么面对拂逆和不顺。知道人力不能改变的时候，就不如面对现实，随遇而安。与其怨天尤人，徒增苦恼，就不如因势利导，适应环境。由不如意中去从容地发掘新的前进道路，才是求得快乐与安静的最好办法。

曾有一位古稀老人，看透世间岁月，总

暖心小语

看淡了，就会发现，人生的过程就是这么简单，不能复制，也不能随意剪切。

153

结了这样一句话：活到 50 岁，好看难看一个样；活到 60 岁，有权无权一个样；活到 70 岁，钱多钱少一个样。即使是同一个人，对自己、对社会的看法也会随着时间的推移而发生不小的变化。其实，人生的过程就是这么简单，不能复制，也不能随意剪切。

庄子大概是最能看淡生死波折的，他在《逍遥游》中说：生命长短，两事物之间没有任何可比性。使命不同，生命的价值也不同，它们之间的称谓也就不同。那些朝生暮死的菌类以及不知春秋的寒蝉所过的也是一生，500 岁的灵龟与 8000 岁的椿树也是过这一生。只不过前者也许羡慕后者的寿长，但却不知道后者也在羡慕前者的干净利落。前者永远不明白后者的苦恼，后者永远不明白前者的羡慕。

《养生主》的内核是"顺应自然"，然而现代人却不够淡定坦然，常常用有限的生命，追求无限的、个人本身欠缺的东西，于是遇到一些波折便深受打击，遇到困境便破罐子破摔。怎知一切皆有定数，又何必为一时的命途多舛而烦忧呢？

人的生命是有限的，而功名利禄均是无限的，用有限的生命追求无限的名利，怎么能不窘困呢？

我们要相信生活会有最好的给予，应了那句话"命里有时终须有，命里无时莫强求"。因为小时候的一次意外而失去一只脚的大师，为自己取的法号为"右大师"，他对自己的遭遇并不自卑难过，因此坦然地说："这就是老天爷给我的，我不怨别人。"接受上天的给予，无论好坏美丑，都应该感谢，不屈不挠，顺逆都自在。

把一切都看作是上天赐予的，不管是顺境还是逆境，不管是成功还是失败，不管是福禄还是灾难，只管好好享受。不管过去经历过什么，不管将来又将怎样，只把握住此时此刻，珍惜现在，努力生活，远比怨天尤人的好。

对于那些已经失去的就不要太怜惜了，因为这对以后的生活没有任何价值，只会让你的心纠结着放不下、看不淡。就像右大师不会盼望上天重新送他一只脚一样，不要再祈求你根本没见过或者曾经拥有但已然失去的东西。

如果你不能放下，不能看淡，等到了暮年之际，看看周围的世界，就总会恋恋不舍，认为自己这一生拥有太多的遗憾，很多事情没有完成，很多愿望天不遂人愿。怀着这样的遗憾终老死去，岂不是太悲恋哀、太可怜了吗？心宽一点吧，安时处顺地生活，那么生死都将获得自在。

4. 失败，是为了孕育成功之花开

失败是成功之母。如果你觉得这是老生常谈的话就大错特错了。细数那些获得巨大成功的伟人，哪一个不是先经历了无数次的失败？大发明家爱迪生在试验了一千多次的材质后才发明了电灯，从而照亮了人类的文明之路；居里夫人这位科学界的奇葩也是在经历过无数次的失败后，才成功提取出了镭……

伟人尚且如此，更不用说我们头脑平庸的凡人了。这不是要打击我们的自信心，而是要让自己学会容纳失败。失败并不可怕，没有失败过的人生反而会让人觉得枯燥乏味。如果一个人从出生开始，就一直一帆风顺，那样的人生该是多么悲哀。

把人生当作一首乐章的话，失败就是其中不可或缺的音符。有了失败的或跳跃或沉闷的音符，人生的乐章才有了节奏，才完整，才动听。

嘉华是一家连锁饼店，生意如今如火如荼，已经在北京遍布分店，下一步目标就是要将它发展成全国连锁店。老板约瑟已经开始着手向周边城市扩展、增加店面数量了。

人人都以为约瑟是个幸运儿，于烘焙业刚刚在中国起步的时候抓住了商机，这才成就了今天的嘉华。可很少有人知道，嘉华在刚开始时就不止一次地摔过跟头，这么多年约瑟遭遇了多少次挫折和失败，才摸爬滚打着发展起来的。

嘉华刚开始在北京开办第一家饼店时，生意十分惨淡。因为那时的老百姓还都不认同这种外国的糕点，而喜欢北京传统特产。约瑟心高气傲，决心要"教育"消费者接受西方的饮食习惯，引进高端的烘焙西点，希望在北京能够刮起西式烘焙风。

然而，老百姓们却不领情，试想，在20世纪90年代的时候，普普通通的百姓家庭，谁会花十几块钱去买一块小甜点啊？约瑟毁在了自己对于市场的盲目乐观上，一投产就遭受了打击。

约瑟这时才开始往回收了收拳脚，他总结自己的失败原因，开始耐心细致地培养自己的忠实客户群体。两年以后，嘉华在北京立足，并开始陆续成立分店。

但是到了2006年，在成立到30家分店时，嘉华的业务开始停滞不前了。恰在这时，外资高端烘焙品牌进驻北京，立马在烘焙行业掀起了一阵不小的购买风潮，无形中嘉华的生意就受到了严重的影响。

约瑟心里着了急，如果不创新，嘉华就会被后起之秀打垮。深思熟虑后，约瑟开始了复合式营销之路，比如在店内增设水吧和休闲区。

自从店面升级之后，嘉华华一直保持创新，发展势头一片大好。约瑟说："失败往往为成功开辟前路。如果不是在企业发展初期的两次大跟头，嘉华不可能走到今时今日。"

如果没有经历过那两次失败，约瑟就不会对成功有如此深刻的见地。人的一生本就不可能一直一帆风顺，约瑟经历了失败，挺过了失败，才更加成熟和有担当。

我们每一个人也是如此，不管是在写字楼的小隔间里朝九晚五，还是在城市的水泥骨架上添砖加瓦，我们都是这个时代的创造者，是有血有肉的活生生的人类，那么我们就都有可能遭遇失败。也许这次的项目没有谈成，遭到老板的一顿训斥；也许哪个设计图出了差错，差点酿成大的工程失误，贻误工期；也许你的工作能力遭到了客户的质疑，以至于差点被老板炒了鱿鱼。失败林林总总，却正也为我们的人生添了彩。等我们老了，回头看看逝去的岁月，这些大大小小的失败与成功一样，都会让我们铭记，让我们想起来时都有深深的感喟，多么值得纪念！

所以，不妨站在自己世界的入口，对失败说一声："欢迎光临！"它们是我们人生的贵客，无论以什么样的方式，都使得我们的人生更加跌宕起伏、令人回味。

失败像是人生的点缀，有它的时候我们抱怨和痛苦，恨不得永不再见面；而一旦没有了它，我们反而又觉得人生太过空白，希望它可以偶尔光临，为生活添些色彩。

因此，我们要学会正确认识失败，理解失败在人生中是十分正常的现象，没有失败的人生鲜而有之，没有失败的人生也不完整。我们首先要能够接受失败，才能正确面对和巧妙化解它带给我们的糟糕情绪和消极影响。

接受失败，不是要你放弃争取成功，而是要你坦然面对可能出现的失败情况，不至于无法接受或情绪失控。失败并不可怕，出现了，坦然去应对即可。

遭遇失败必然会有痛苦，这时候就需要我们有坚强的信念，什么风风雨雨咬咬牙都会过去，不需要怨天尤人。当我们挺过最困难的时期，回头看时会发现那是人生中一段十分重要的记忆。在那段路上，我们锻炼了自己的勇气和坚韧不拔的精神。如果没有那一段失败的经历，就不会有后来精彩的自己。挫折期也是成功的孕育期，咬住牙挺过最痛苦的时候，成功就会应声敲门。

失败常常能够给我们留下很多经验和教训。只有将失败的经历垫在脚下，我们才能离成功更近，才算理解了失败的意义。失败是我们追逐成功的道路上的一道道障碍，只有越过这个障碍，你才会知道下次遇到这样的障碍时应该如何规避，才会更快地见到终点处的成功。

失败有可能是绊脚石，阻拦我们迈向成功；而失败也可能是垫脚石，将失败垫在脚下，让它为自己的能力加分，变"废"为"宝"，是人生路上聪明的活法。

5. 透过裂痕，发现新的阳光

一位农夫，每天都挑着两只木桶走一段长长的山路去挑水。由于用的时间久了，其中一只木桶生出一条浅浅的裂痕。每次从泉边挑到家，完好无损的那只桶里的水还是满满的，而有裂缝的那一只却只剩下半桶。

有裂缝的木桶因此对主人深感愧疚，在面对那只完好无损的木桶时也总是感到无地自容。就这样过了两年后，有裂缝的木桶终于不能再忍受自己的愧疚，向主人请求道："主人啊，我已经是个破败之身，每天让您花那么多的力气，却只能挑回半桶的水，实在太不像话了。您还是找一只完好的桶来把我换掉吧！"

没想到的是，农夫听了它的话反而笑了，说："你没有发现吗？我们每天挑水必经的路上已经长出了一排灿烂的山花？这可全是你的功劳啊！"

现实生活中，也有许多这样的"木桶"，他们总为身上的裂痕感到羞耻和惭愧，殊不知，有些人正透过你身上的裂痕欣赏无限的光芒。上帝是仁慈的，他的仁慈就在于从不创造完美的生命，当我们为身上的"裂缝"而抱怨时，却往往忘了要换一个角度去看看它带给我们的好处，忘了去感激它给我们的人生增添的亮色。

有一句话说得好"万物皆有裂痕，那是光进来的地方"。每个人都曾遭遇不幸，有的婚姻失败，有的罹患疾病，有的遭遇破产，有的痛失亲人……这些可以看作是人生的波折，但也可以看作是人生的转折。你有没有想过，婚姻破裂是因为不适合，如果两个人在一起是一种痛苦，那么分开就是一种解脱，此后又是一个新的开始，谁又能保证你不会再遇到对的那一半呢？

同理，罹患疾病也好，破产也好，痛失亲人也好，把它们都当作一种裂痕，透过裂痕你总能发现新的阳光。

海伦·凯勒失明让她写出了《假如给我三天光明》。失明，对于一个正常人来说的确是一道不浅的裂痕，但正因为这裂痕的存在，让海伦比别人感悟更多，所以才写出了这样的举世巨作。这道裂痕对于海伦来说，成了她梦想的助燃器，让她勇敢地驾驭梦想、展翅翱翔。

看来，有裂痕是一种必然，但能不能把裂痕当成宝贝一样来对待，就看我们有没有这样的胸襟和境界了。

最近，年轻人迈克的生活出现了问题，如今他面临一个两难的境地。一方面，他非常喜欢自己的工作，也很喜欢工作带给他的丰厚的薪水，但问题出在另一方面，他十分厌恶自己的顶头上司，尤其最近两年，他已经与上司闹到了不可调和的地步。

迈克再也无法忍受了，觉得离开这个是非之地是最好的解决办法，于是他打算去猎头公司重新谋一个高级主管的职位。果然，经过咨询后，他发现以他的条件找一个相同的职位并不难。

回到家中，迈克把这一切告诉了妻子。妻子是一个中学教师，不懂职场中的事，但她明白换位思考的道理。那天，她刚刚教学生学会

暖心小语

万物皆有裂痕，那是光进来的地方。

了如何重新界定问题，就是当眼前的问题你无法解决时，可以换个角度思考，把问题倒过来看，这样就会有一个全新的思路了。于是，她把上课的内容讲给了迈克听，这给了迈克一个极大的启示，一个大胆的想法在他脑中浮现。

第二天，迈克又来到猎头公司，这次他不是为自己谋工作，而是给他的顶头上司找工作。不久，迈克的上司接到了猎头公司打来的电话，请他去别的公司高就。上司完全不知道这是他下属的功劳，再加上他本来就厌倦了现在的工作，就丝毫没有犹豫地接受了新工作。

迈克的顶头上司跳了槽，他的职位就空缺了，而迈克认真地做了一个报告，申请了这个职位，于是他轻而易举地便得到了这个位置。

在这个故事中，迈克本意是想躲避自己的问题，才为自己找个新工作的。但他的太太一语惊醒梦中人，教他学会了换个角度去看待问题，于是他换了一种方法来解决问题，他替他的老板找了一份新的工作。结果，他一石三鸟，摆脱了厌恶的老板，做着自己喜欢的工作，还意外得到了升迁。

人生的道路哪有一帆风顺的，每一次波折，每一条坎坷，都是上帝赠你的令你意想不到的礼物。当你专注于它的丑陋之处，而黯然神伤时，却忽略了它令人欢喜的一面。试着去换个角度看待，就有机会发现上帝将其赠你的深意。

"天将降大任于斯人也，必先苦其心志，劳其筋骨，饿其体肤"。从另一个角度看，那些所谓的痛苦和不顺其实都是我们应该珍惜并感激的，而我们要做的是去接受它，如果连接受都做不到，只一味地逃避、埋怨，那么怎么会有机会换一个角度遇见它的美丽本质呢？

首先我们要做的就是将自己的内心变得更加广博，从而包容这些不完美。要相信，在人生旅途中，遇到障碍是常有的事。如果你不能淡然处之，就会觉得这是一种命运的不公，从而让自己处于情绪的低谷。

接着，我们要学会换一个角度看待裂痕。裂痕与完美并非完全的矛盾体，让自己尝试着换不同的角度去看待自己身上的残缺和不完美，就是一个从不完美走向完美的过程。只要淡然处之，哪怕我们不能改变这种残缺和裂痕，那么也能从中看到另一条出路。这对你来说才是最大的收获。

最后，我们要勇敢迎向困难和挫折。要知道，能够有如此深刻而有效的历练是多么幸运的事！勇敢地迎接挫折，才不枉与裂痕相逢一场。

人生都是靠我们自己的双手创造的，换一个角度看待裂痕是在自行调整心态，勇敢迎接挑战和挫折是我们的武器，是我们送给自己的最好的礼物。

6. 行到水穷处，坐看云起时

很多时候，我们的生活常常会陷入一种"绝境"中，这种绝境会让我们心灰意冷。绝望到失去了生活下去的勇气，就像是世界末日将要来临一般。

但是，事情的发展并非绝对，绝望中有时也会孕育着无限的生机，让人萌生希望。只要你还拥有希望，你就不是一无所有。因此，当你在绝望的时候一定要抱有一种不绝望的心态——不肯低头，拥有希望。只要拥有了这种心态，那么不管在什么情况下，你都可以勇敢地走向前方，拥抱幸福快乐的生活。

中国台湾女作家杏林子，在童年时是一个非常美丽可爱的女孩子，12 岁那年，突然患上了"类风湿关节炎"，这是一种免疫系统失调的病。身体的关节都会不断地受到侵蚀并发炎，现今的医学还无法完全治疗好这种病。自从杏林子得了这种病以后，她时时刻刻都在痛苦中苦苦挣扎，数十年来，她躺在病床上面，生活完全无法自理，行走也只能依靠轮椅，连睡觉的时候都要戴上呼吸器。

这种身体上的剧烈疼痛让杏林子的身心都疲惫到了极点，多少次，她都想就这样停下来放弃一切。可是内心深处却总有一个声音在督促她前进。她深深地明白，如果前进也许还有一线生机，而放弃却只有死路一条。不能选择死，那就只有选择继续生活下去。

从这以后，她不再整日唉声叹气，开始积极地面对生活。生命也焕发出新的生机，孕育出新的希望。于是，她开始全身心地投入到写作当中，用手中的笔来抒发内心的情感。就这样，一个长期深受病痛折磨（这个病持续了48 年）、只有小学文化程度、连拿笔写字都非常困难的杏林子，从 34 岁开始写作直至去世，在整整 26 年里，共创作了散文、剧作等作品共计八十多部。她除了拥有一大批的忠实读者以外，还深受文学界大师们的好评，看过她作品的人，都被书中的内容深深激励和鼓舞着。

这么多年来，尽管杏林子的生活苦不堪言，可她并没有放弃，她也并非一无所有，她依靠着心中的希望，勇敢地生活了下去，给无数人树立了好榜样。

暖心小语

只要你心中还拥有希望，你就能从一粒沙中看见整个世界，从一朵花中看见整个春天。

"行到水穷处，坐看云起时"，在人生漫

长的旅途上，很多时候我们真的以为自己走到了绝境，其实，这说不定正是人生的一个转折点。的确，人生的境界就该如此。在人生的旅程中，我们只顾埋头前行，走到后来才发现自己陷入一种绝境之中，前方已经没有路可以让我们继续走下去。

这个时候，悲观、绝望的心情就会无限滋生，那么，我们到底该如何去面对呢？不如先往四周或者回头看一看，也许还会有另外一条路可以到达终点，即使已经无路可走了，也不妨先抬头看看天上的云卷云舒，虽然深陷绝境中，但心灵还可以无限畅想，还可以很自由、很快乐地欣赏大自然，体会宽广深远的人生境界。于是，内心深处便生出一丝希望来，你再也不会觉得自己一无所有，已走到了人生的穷途末路。

有这么一个成语叫"绝处逢生"，意思就是只要还拥有希望，肯用心去想、去做，就一定可以想出一个办法来，再通过积极主动的奋斗，就能够走出困境，获得成功。

这个世上原本就没有什么绝境，关键就看你有没有一个积极的心态。只要你心中还拥有希望，你就能从一粒沙中看见整个世界，从一朵花中看见整个春天，通过对当前局面的仔细分析比较，找到自己的优势和希望所在，就可以做到转危为安，找到新的出路。

有17位工人，他们准备一起前往戈壁滩工作，原本打算步行到车站以后再乘车到工地上。可是他们走错了方向，没有找到车站，却走进了一片茫茫的沙漠之中。

当地的派出所在接到他们的求救信息以后，火速出动了警车，前往沙漠中进行营救。可是沙漠一望无际，没有任何的参照物，要想在这样的环境里寻找他们，是件非常困难的事情。营救人员拨打他们的手机，可是沙漠中手机的信号时有时无，刚说了几句话，手机就断了线。寻找了很久依然是毫无收获。时间就这样一点一点地过去了，白天里沙漠的温度高达50℃，再加上没有任何地方可以遮挡阳光，这样的环境对人体是一种极大的挑战。

在经过了很长时间的搜索后，营救人员终于找到了其中三位失踪的民工，可另外还有14个人仍然是下落不明，营救人员只有继续用各种办法，深入沙漠进行寻找。这个时候，天空忽然刮起了狂风，满天的黄沙顿时让人分不清楚方向，为了减少伤亡，营救人员只得停下来，将车子停到了高处，并亮着车灯，希望可以给黑夜中失散的民工指引方向。可是，一晚上过去了，那些民工并没有出现在大家的眼前。

第二天，等到狂风稍微减弱了一些，营救人员又再次进入搜救当中，终于找到了一位民工，可是这位民工已经死去多时，见此，营救人员心想，也许其他民工也是凶多吉少。可是，大家并没有就此放弃搜救工作，没过多久，奇迹出现了，在一个泥潭中找到了其余失散的民工，他们脱掉了身上的衣服，在这个沙漠里面的泥潭里来回滚着，泥巴包裹着他们的身体，他们就这样神奇地活了下来。此时，距离他们走进沙漠已经过去了整整56个小时。

面对着茫茫无际、酷热难耐的沙漠，他们没有放弃，他们抱着想要活下去的希望，一直坚持着，直到营救人员的到来。

曾经有一位作家，在股票交易中损失惨重，顿时负债累累。生活也一下子从锦衣玉食到贫困潦倒。然而，他并没有放弃，开始节衣缩食，勤奋创作，希望能够依靠赚取到的稿费去偿还那些债务。他的朋友们为了帮助他渡过难关，开始组织募捐，很多人都慷慨解囊，一些有名的大公司、大集团也纷纷出高价请他写广告词……可他统统拒绝了。他把自己关进书房里，一个月、两个月，一年、两年，就这样日复一日，年复一年，他始终坚持着这个信念，他创作出来的一本又一本新书，在当时都引起了极大的轰动。很快，他就偿还了所有的债务，并开始过起了全新的生活。

这位作家就是世界著名的大作家马克·吐温。他用自己的亲身经历告诉我们：只要拥有希望，坚持心中的信念，就一定可以达到目标。所以说，无论你的情况变得有多糟糕，你都不可以失去信心，都要相信，一定会有时来运转的机会。

古语有云："自古英雄多磨难。"一个普通人之所以成为一个领域或者一个时代的英雄，是挫折和磨难激励了他们，因为英雄和普通人最大的区别就在于：英雄不会在困境中退缩，在绝境中放弃，而是始终抱有希望，他们牢牢地告诫自己，并不是一无所有，只要拥有希望，就一定能够取得成功，并在困境中磨炼自我，在绝境中证明自我，从而书写了一篇充满励志的篇章。很多时候，只有当我们深陷绝境，内在的潜力才会得以勃发。只要心中还有希望，希望就会带我们走向更高更远的地方。

7. 乐观，就会发现胜利的曙光

美国芝加哥有一个名叫汉斯的人，在十年前，生了一场大病，等到他康复以后，却又发现自己得了肾脏病。于是，他开始四处寻找医生医治，甚至还去找过巫医，可是谁都没有办法医好他。

没过多久，汉斯又被发现患上了另外一种病，血压也随之高了起来。他赶忙去医院检查，但是医生告诉他已经没救了，只要患上这种病就意味着离死亡不远了。同时，还建议他赶紧准备好自己的身后事。

汉斯只好万分悲痛地回到了家中，并写下了遗嘱，然后就开始向上帝忏悔自己以前所犯下的各种错误，并一个人坐在书房难过地陷入沉思当中。家里人看到他那种伤心痛苦的样子，也都感到十分地难过。

就这样，一个星期过去了。一天，汉斯突然对自己说：你到底怎么了？你现在这个样子简直就像个傻瓜。你在未来的一年恐怕还不会死，既然这样，那为什么还不趁现在活着的时候让自己过得快乐一些呢？

从这以后，汉斯开始积极地面对生活，脸上也开始绽放出笑容来，并试着让自己表现出轻松愉快的样子。刚开始的时候，汉斯很不习惯，但是他还是努力强迫自己变得很快乐。紧接着，他开始发现自己感觉好了许多，几乎和他所装出来的一样好。这种现象让汉斯感到十分开心，也越发让他有信心起来。一年以后，汉斯不仅没有死去，反而活得十分健康和快乐，甚至连血压也降下来了。

"有一件事情我可以非常肯定的是：假如我一直想到自己会死去的话，那么那位医生的预言就会实现。但是，我给自己一个积极健康的心态，给自己身体一个自行康复的机会。做别的什么都是没用的，除非我先不悲观，先开朗起来。"汉斯先生非常自豪地说。

是的，汉斯之所以活下来，是因为他并没有被病痛的折磨和打击给击倒，他给自己树立了一个康复的信念，从而让他可以很快地从悲观的心态中走了出来，积极地面对生活，最终让自己的人生获得了转机。

一个极为乐观的人能够做到自我激励，能够寻求到各种方法去实现自己的目标，在遭遇困境和磨难的时候做到自我安慰，树立积极良好的心态。

麦特·毕昂迪是美国有名的游泳运动员。1988年的时候，他代表美国参加奥运会，被大家一致认为是极有希望继1972年马克·史必兹之后再夺七项金牌的人。但是，毕昂迪在第一项200米自由式的游泳比赛中竟然只取得了第三名，并在随后的第二项100米蝶泳比赛保持领先的情况下，硬是在最后一米的时候被第二名赶超，从而与金牌失之交臂。

暖心小语

对于乐观者来说，外在的世界总是处处充满了光明和希望。

当时许多人都认为，毕昂迪两度丢失金牌将会影响到他后来的表现。可谁也没想到，他在后五项比赛中竟表现得异常出色，接连夺得五项冠军。对于这一切，宾州大学心理学教授马丁·沙里曼并没有感到意外。因为他在同一年的早些时候，曾经给毕昂迪做过一个乐观影响的实验。

实验的方式是在一次游泳表演之后，毕昂迪表现得非常不错，但是教练却故意告诉他，他的成绩很差，并让毕昂迪稍作休息之后再表演一次，结果他表现得更加出色。参与同一实验的其他队友却因此影响了成绩。

2008 年的北京奥运会上也曾出现过同样的一个情形，津巴布韦游泳名将考文垂在参加的三项比赛当口，前两项都获得了银牌，特别是在第二项比赛中，她在预赛的时候甚至还打破了世界纪录，但是却在最后的决赛中输给了竞争选手。

在第三项比赛开始之前，考文垂身上背负着巨大的压力，所有的津巴布韦人民都希望她可以为他们的国家夺取一枚金牌，考文垂是他们心里唯一的希望。在压力和失败面前，考文垂没有选择退缩，她仍然保持着乐观的心态，坦然面对着所有的人。最后，她果然没有让大家失望，在女子 200 米自由泳中勇夺金牌。

从这两个故事里，我们深深地体会到了：一个拥有信念并抱有积极乐观心态的人在面临困境的时候，是不会被失败和挫折打倒的。他们始终抱有一种信念，相信事情一定会有好转。要知道，只有拥有一个乐观的心态才可以让陷入困境的人不再感到冷漠、无力和沮丧，并最终取得成功。

通常，乐观的人会认为失败是可以改变的，结果反而会转败为胜。而悲观的人却会认为一切都已注定，自己已无力改变，唯有认命。不同的解释会对人生的选择造成不同的影响。

心理学家曾经做过一个"半杯水实验"，这个实验就比较准确地检测出了乐观者和悲观者的情绪特点。悲观者在面对半杯水的时候，会说："我就只剩下半杯水了。'而乐观者在面对半杯水的时候却会说："哇，我还有半杯水呢！"由此可见，对于乐观者来说，外在的世界总是处处充满了光明和希望。

所以说，当我们在遭遇困境的时候，千万不要过度悲观地去看待问题，而应坚持自己内心的信念，并抱着积极乐观的心态，相信这样，你就一定能够走向胜利的终点。

8. 细雨中，学会微笑

生活中，当我们在遭受到一些重大挫折和打击的时候，通常会产生一种错觉，那就是觉得自己是这个世界上最不幸的那个人。如果真是如此，你这样痛苦不堪倒也罢了，可是事实真是这样吗？你知道这个世界上有多少人比你更加不幸吗？

有一位老人，他的儿子忽然意外死去了，他感到非常伤心痛苦，终日沉浸在痛苦中无法自拔。他去向神父祷告，问有没有一种办法可以让他的儿子复活。神父看了看这位老人，然后说："我可以满足你的请求，但是前提是你必须先拿一个碗，一家一家地去乞讨，如果你发现有一家没有死过人，你就让他给你一粒米，等你讨够了十粒米，我就会让你的儿子复活。"

老人听完以后便赶忙出去乞讨，可是一路走来居然发现没有一家是没有死过人的，到了最后他连一粒米都没有乞讨到。于是，他恍然大悟：亲人离世原本就是任何一家都避免不了的事情。他忽然觉得心里平静了许多，觉得自己再也不是那个最为不幸的人了，并从这以后，慢慢地从痛苦中走了出来。

当老人发现自己并不是自己想象的那个最为不幸的人时，他找到了他人生的平衡，并逐渐地从痛苦中走了出来。有一位哲人曾经说过：苦难会让你的人生更有意义。当你明白了这点你就会对痛苦抱着一颗平常心了。从客观的方面来说，生活中既包含了鲜花、欢乐和阳光，同时也有着挫折、打击和痛苦，就好比古人所说的那样：月有阴晴圆缺，人有悲欢离合。

在漫长的人生道路上，每个人的一生都不可能总是一帆风顺、事事如意，难免会遇上一些挫折、打击和不幸。只不过有的人的人生会相对顺利多一些，而有的人的人生会相对挫折多一些，但总是一帆风顺的人却是不存在的。

也许，在你人生的某一阶段你可能是非常不幸的，但如果因此你就说自己是最不幸的那个人，恐怕就有些言过其实了，要知道这个世上比你更加不幸的人可谓比比皆是。

我们都听过这么一句话：困难是人生的一笔财富。可是，要想把困难变成财富是要具备一定条件的，而这个条件就是：你勇敢地战胜了苦难并不再受苦。只有这样，苦难才会变成一笔值得骄傲的人生财富。等到将来，你再说起曾经的那番困难时，你就不会感到自卑和难过，反而会有着一种豪气。同样，当别人在听说了你的苦难以后，也不会觉得你是在一味地诉苦，而觉得像是在听一个励志的传奇，不仅不会同情可怜你，反而会尊敬佩服你。但是如果你总是没办法走出苦难，并且

暖心小语

快乐并不在于你得到了什么，而在于你能够从不幸中寻求到一份平衡。

只会一脸哀愁地四处向人诉苦，那么你只会令人厌烦了。

很多时候，人们往往都喜欢将苦难认同为不幸，因此怨天尤人，失去了人生的斗志，最终败在了苦难的面前，结果苦难就真的转化为不幸。我们必须明白，我们所遇到的苦难只是我们生活的一部分，是生活复杂性的一种表现形式而已，既然逃脱不掉，那就学会勇敢面对。只有最终战胜了苦难，才会获得人生更大的幸福。因为困境或磨难对弱者来说是致命的打击，可是对强者来说只是奋发向前的动力。

因此，有人说："快乐并不在于你得到了什么，而在于你能够从不幸中寻求到一份平衡，正确看待自己的不幸，并从中解脱出来，这才是一种最高级别的快乐。"

有一位年轻美丽的姑娘，在一次意外的车祸后，不幸在脸上留下了一道难看的疤痕，原本相爱准备结婚的男友也因此离她而去。从那以后，在她的眼里，生活已经没有任何的意义了。在一个周末的清晨，她悄悄地走出了家门，打算到附近的公园里找一个安静的地方结束自己的生命。

她精神恍惚地走在公园的小道上，无意间，她看到身后走来了一对夫妻。妻子失去了双腿，坐在轮椅上面，而推着轮椅的丈夫却是一个盲人，戴着一副大大的墨镜。丈夫推着妻子，很快地就走到了姑娘前面。前面的道路正在翻修，所以坑坑洼洼，轮椅经过的时候开始不停地颠簸摇晃。见此，姑娘非常担心，害怕这对夫妻会不小心跌倒受伤，于是就赶忙加快脚步跟在他们后面，希望自己能帮上忙。

清晨的太阳渐渐地升上了天空。这对夫妻也停了下来，妻子情不自禁地拉起丈夫的手指向了太阳升起的地方，开心地说："你快看，今天的太阳又大又圆，真美啊！"丈夫满脸笑容地扬起头，朝着东方看去，久久地凝望着，一脸的幸福和满足在清晨阳光的照射下显得格外沧桑。"真好，我还有一双眼睛可以看到这世上美好的一切。"妻子动情地说。"是啊，真好，我还有健全的四肢，可以推着你看这美丽的朝阳和所有美好的事物。"丈夫开心地回应着。

此时此刻，仿佛整个世界都沉浸在这种温馨和宁静的美好之中，原本不幸的人生，因为他们对生活的挚爱而变得格外美好。姑娘也一下子醒悟了过来，她忽然发现生命是这样美好，自己身上的这点不幸和他们比起来又算得了什么呢。

在我们的生活中，那些最不幸和最幸运的人往往只是占据了极少数的一部分，而大多数的人通常都是处于中间的状态。在某一段的时间和范围内，你很可能是最不幸的那个人，但要是换在大范围内，你所遇到的这件事和其他人相比也许根本就算不了什么。痛苦是人生的一种体验，每个人都会有着不同的体验和感受。只要你把握了其中的平衡点，那么你就不是那个最不幸的人。

9. 夜色越黑暗，星星越明亮

一个杯子，从侧面看会是个长方形，从上面看会是个圆形。同样，每个人的生活也正如一个杯子一样，很多时候只要换一个想法、换一种心情或者是换一个角度。那么，同样的际遇，就会给人带去不一样的影响。

安娜是一位年轻美丽的美国女人，刚结婚不久就随着丈夫到沙漠腹地参加军事演习。她独自一人留守在一间集装箱一样的小铁皮屋里，这里天气酷热，四周生活的也都是印第安人和墨西哥人，他们都不懂英语，所以无法和安娜进行交流。安娜感到十分孤独无助、焦躁难安，于是她写了一封信给自己的父母，告诉他们自己想要离开这个地方。

很快，安娜的父亲就给她回了信，信纸上面只写了一行字："两个人同时从牢房的铁窗口向外看，一个人只看到了满地的泥土，而另外一个人则看到了满天的繁星。"

刚开始的时候，安娜并没有理解父亲信中的含义，在反复读了好几遍以后，她才感到十分惭愧，于是决定留下来在这片沙漠中寻找属于自己的那一片"繁星"。安娜不再像以前那么悲观消沉了，她开始积极地和当地人交往，学习他们的语言和风俗文化。她非常热爱当地的陶器和纺织品。由于安娜待人十分热情友好，所以当地人都愿意将自己珍藏已久的陶器和纺织品送给她做礼物。

这一切，都让安娜十分感动，同时也让她的求知欲与日俱增。她开始积极地投入研究沙漠植物的生长情况，甚至还掌握了有关土拨鼠的生活习性，并观赏起沙漠的日出日落情况，等等。

如此一来，原先缠绕着安娜的那些悲观和孤独也开始逐渐消失，取而代之的是积极地冒险和不断地进取。后来，安娜将自己的一些新发现和感触写成了一本书，两年后，这本名叫《快乐的城堡》的书也出版了，安娜终于通过自己的努力找到了属于自己的那一片"繁星"。

其实，原先的沙漠没有变，当地的居民也没有变，变的只是安娜个人的人生视角。视角不同会让一个人变成另外一个人，并让人生也跟着不同。

有一对孪生的小姑娘，一起走进了一座玫瑰园。没过多久，其中一个小姑娘哭着跑了出来，对妈妈说："这个地方坏透了，虽然里面有很多花，可是每朵花的下面都长有刺。"没多久，另外一个小姑娘也来到了妈妈的面前："妈妈，妈妈，这个地方简直太棒了，每丛刺中都长有许多美丽的花。"

乐观的人说："夜色越是黑暗，星星也就越发明亮。"悲观的人说："星星愈是明亮，说明夜色愈是黑暗。"

世间万事万物都是存在多面性的，既有好的一面，也有不好的一面。关键就是要看你会从哪个角度去观察。假如你看到的是事物积极美好的一面，那么你的心情就是快乐的；相反，你总是看事物中不好的一面，那么你的心情也会是痛苦和沮丧的。

暖心小语

保持一种乐观开朗的态度、心平气和的心境，你的生活将会呈现出一幅晴朗明媚局面。

古语有云："人生不如意事十之八九。"在日常生活中，我们难免会遇到一些挫折和打击，但是只要保持一种乐观开朗的态度、积极向上的想法、心平气和的心境，换一个视角去看待问题，那么你的生活将会呈现出一派晴朗、明媚的风光。

杰克和皮特是认识多年的好朋友。杰克如今住在纽约城内，曾经是皮特的演讲经纪人。一天，杰克在芝加哥碰见了久未见面的皮特，就好心好意地带皮特回到了纽约的一座农场。途中皮特问杰克如何才可以消除忧虑，于是，杰克就给皮特说了下面这样一个令人难忘的故事。

"我曾经是一个非常忧虑悲伤的人，"杰克慢慢地说道，"但是，十年前的一个春天，我走过纽约城内的一条街道时，有个情景让我一下子消除了所有的忧虑。整个事情发生的过程只有短短十几秒钟，可就是在那一刹那，我对生命的意义有了全新的了解。这一切要比前些年所学到的还要多。最近这两年，我在纽约城内开了家杂货店，由于经营不善，不仅花光了我所有的积蓄，甚至还为此欠下了一大笔债务，估计要花上五六年的时间才可以偿还。我刚刚在上个星期六停止了营业，准备去银行贷款，以便在芝加哥再重新找份工作。我觉得自己是一个很失败的人，失去了所有的信心和斗志。"

"忽然间，我看到有个人从街道的另外一头走了过来，那个人没有双腿，只是坐在一块安装着溜冰鞋滑轮的小木板上面，两只手各用木棍支撑着前行。他慢慢地横过街道，轻轻地提起小木板打算登上路边的人行道。就在那一刹那，我们的视线相遇了，可是他对我抱以坦然的一笑，并非常有精神地向我打了声招呼：'旦安，先生，今天的天气真好啊！'我看着他，忽然意识到自己是多么的富有啊。我有健全的双足，可以到处行走，为什么我还要这样地悲观呢？这位失去了双腿长人都可以过得如此开心，我这个四肢健全的人还有什么做不到的呢？"

"我打起了精神，原本只打算去银行借100元的，可是在当时我改变主意了，我非常有信心地表示：我要到芝加哥去寻找一份工作。最后，我借到了钱，也顺利地找到了工作。"

从这个故事里我们能够体会到，很多时候，我们眼中所谓的痛苦和不幸其实算不了什么，只要你肯换一个视角去看一看周遭，你就会发现你并不是最不幸的那个人。

第二次世界大战的时侯，有一个士兵在战争中被炮弹的碎片刮伤了喉咙，流了很多的血。于是，他写了张纸条问医生："我还能活下去吗？"医生回答说："可以的。"他又接着问："那我还可以说话吗？"医生还是很肯定地回答了他。最后，这个士兵在纸条上写道："我还真幸运，那我还有什么好担心的呢？"

是啊，看完这些，你完全有理由停止自己的悲伤和忧虑，并勇敢地对自己说："我还有什么好忧虑的呢？"最后，也许你就会发现，你现在所遇到的事情根本就是微不足道，不值得你去担忧的。

在我们的生活中，很多人都会在自己一帆风顺时，觉得生活美好幸福，而一旦遇到了挫折和困境，就会觉得生活充满了黑暗，甚至还会悲观、消极得如同世界末日来临了一般。所以说，个人的主观性在一定程度上影响和改变着人们的日常生活和事业。

其实，我们每一个人的身上都拥有90%的优点，而只存在10%的不足。但是问题的关键点是，你要如何发现并正确对待这90%和10%之间的关系。

当你拿着自己的 90%的优点和别人 10%的不足进行比较时。你会由衷地发出感叹：原来我有这么多的长处，是这么幸福的一个人啊！

艾迪·瑞肯贝克和朋友一起在太平洋上悲观绝望地漂流了 21 天之后，说道："我从中学到了一点——人只要还有淡水可以喝，有东西可以吃，那么就没有什么好抱怨的了。"

在我们的生活中，同样会有 90%的事情是好的，而另外 10%的事情是不好的。如果你想拥有一个幸福快乐的人生，就该学会转换视角，把精神放在这 90%的好事上面。

10. 你微笑，生活就快乐

生活中有太多的小事，根本不值得我们去计较和为之纠结难安，我们应该用一种包容平和的心态去积极地面对，学会看开一些、看淡一点、看远一些、看透看准一点，如果能够做到这几点的话，那么我们的人生就会过得更加幸福和快乐。

其实，这世上的每一个人，都想要把事情做到更好，但同时每个人又无法将现实中的事情，做得如想象中那样完美。在我们的生活中，有时总会遇到这样或者那样让我们烦恼的事情。例如，领导不问缘由指责你；邻居无缘无故痛骂你；孩子学习成绩不理想，等等，这些事情总会让我们感到十分地烦恼，内心无法平静，甚至还会纠结抑郁难安。

俗话说，烦由心生。其实，那么多的烦恼，都是因为人的本性拥有着贪婪、忌妒和虚荣等心理欲望，这种本能的欲望在受到外界的诱导以后，就会让我们的心灵处于一种不平衡的状态里。所以说，我们不应该为了那些不值得的小事而破坏了自己的情绪。只有这样，我们才能寻得快乐。

有一本书上面记载了这样一个小故事：

记得在他小的时候，他总是感觉自己的情绪非常坏，总是会因为一点点小事而感到生气。就连有人不小心碰到他，他也会很生气。如果有人让他情绪不好，他就会大声地骂对方，或者用力地打对方，要不然就是大声地哭闹。每一次在他情绪不好的时候，大家就会躲得远远的。

有一次，他和弟弟闹起了别扭，他的脾气一下子又来了，他开始大声骂起弟弟来。这个时候，妈妈轻轻地走了过来，拿着一个镜子放在了他的面前。他看到了镜中的自己，眉头紧紧皱在一起，面容也是皱巴巴的，十分恐怖和好笑，原来一个人情绪不好时是这样难看啊。后来妈妈告诉他，当我们情绪不好或者在为一些事情烦恼的时候，可以先想一想曾经那些令我们开心的事情。

从这以后，每当他心情低落或者纠结郁闷的时候，他就会去想好的事情，这样一来，那些令他生气的小事也就没有了，情绪也就没有那么坏了。时间久了，他也就逐渐地改掉了自己身上的这个毛病。

暖心小语

只要拥有一颗快乐简单的心，就会产生一种满足感、幸福感。

上面这个小故事让我们明白，在面对生活中那些烦恼的时候，其实，根本没有必要去太较真，多包容一些，用一种快乐的心情，就会发现事情其实没有那么糟糕。

有一天，有一位可爱的小女孩来到一间珠宝店的柜台前面，然后把一个放着几本书的帆布包放在柜台上面。当一个穿着时尚、英俊帅气的男子走进来，也站在柜台前面看珠宝的时候，小女孩非常有礼貌地将自己的帆布包从柜台上面给拿了起来。可是这个男子却忽然非常愤怒地看着小女孩，他说，自己是一个十分正直的人，绝对不是想要去偷她的包。他觉得小女孩的动作侮辱了他，于是非常生气地走出了这家珠宝店。这个小女孩感到很惊讶，她没想到自己一个好心的动作，竟然会引起他如此的愤怒不堪。

后来，小女孩终于想通了，这个男子和她生活在两个不同的世界，其中存在的差别就是小女孩和他对事物的想法不同。

现实生活中，人们总是忙着用物质来让自己的生活得到满足。于是，烦琐、复杂的东西充斥在我们的周围，从而也让我们的心灵变得更加复杂，纠结不已。每个人都渴望过着一种简单愉快的生活，可是这种生活要怎么做才能得以实现呢？其实，一切都还源于我们的心灵。只要我们拥有一个快乐简单的心，在遇到一些复杂事情的时候用一种快乐的态度去对待，那么我们就会产生一种满足感、幸福感。到最后，你就会发现那些原本让你头疼的事情，其实并没有那么可怕。

11. 带着阳光上路，走到哪里都是晴天

很多时候，真正将人们击垮的，并不是那些看似是灭顶之灾的危机，反而是一些微不足道的小事。事实上，我们很多人都能够勇敢地去面对生活中所遇到的那些大危机，却时常被一些小事情弄得焦头烂额。

芝加哥的一位法官，在处理了四万多件离婚案后说道："很多人的婚姻生活之所以感到不幸福，最基本的原因往往都是因为一些生活上的小事情。"而纽约的一位地方检察官也曾这样说过："在我们处理的大批刑事案件中，有一半以上都是因为一些很小的事情：喜欢逞一时的英雄，为了一些小事吵吵闹闹，讲话的时候不顾别人的感受，行为粗暴——正是因为这些小事情，才引起了一起又一起的伤害和谋杀。"

罗斯福夫人在刚刚结婚的时候，担忧了很长一段时间，因为她的新厨子做饭做得很差。一段时间以后，罗斯福夫人对朋友说："我不明白为什么自己以前会为这点小事纠结，因为现在，我根本不会在意这些小事。"这才是一个成年人的做法。就连凯瑟琳女皇——这位最为专制的女皇，也会在厨子将饭菜做得不好的时候，一笑了之。

有这么一条法律上的名言说道："法律是不会去管那些小事情的。"同

样，一个人走在寻找幸福生活的道路上，也不该总是为了一些小事情去纠结担忧。因为担忧是解决不了任何问题的，同样也改变不了目前的逆境。大部分时候，要想去克服一些小事情所引起的困扰，最好的办法就是将自己的看法和重点进行转移，这样一来，就会让你拥有一个全新的、开心一些的看法。

一位老太太有两个女儿，大女儿家是开雨伞店的，小女儿嫁给了一个开洗衣店的。这样一来，晴天的时候，老太太就担心大女儿家的雨伞卖不出去；雨天的时候，又担心小女儿家的衣服晒不干，整日担忧不已。有一天，有个人对老太太说：'老太太，你真有福气，晴天的时候小女儿家顾客不断，雨天的时候大女儿家生意兴隆。"老太太仔细一想，的确如此。从这以后，老太太每天都过得无忧无虑，非常开心。

的确，如果在我们的生活中，我们总是一味地去纠结一些小事情，那么我们的生活又有何快乐可言呢？唯有放下内心的那些小纠结，才能迎来更好的生活。

摩瑞斯说："我们经常会被一些小事情、一些根本不值得关注的小事情弄得心烦不已……我们每个人活在这个世上的时间都只有短短的几十年，而我们浪费了很多不可能再补回来的时间，去为一些很快就会被遗忘的小事纠结忧虑。不要这样，让我们把自己的生活只用于值得做的行动和感觉上，去想一些伟大的思想，去经历一些真正的感情，去做一些必须做的事情。因为生命真的太短促了，不该再去顾及那些微不足道的小事。"

1943 年，里克先生认为这世界上所有的烦恼似乎都降临到自己的头上来了。这四十多年来，他一直过得都十分顺畅，生活上虽然也遇到过一些小事，可是每次他都可以很好地应付过去。可是如今，接连不断的麻烦向他走来，他因为下面的这些烦恼，彻夜难眠，十分纠结，忧愁不已。

他开办的商务学校，因为男孩子都入伍作战去了，所以面临着严重的财务危机，甚至有可能倒闭；他的大儿子也当兵入伍了，他感到十分地牵挂担忧；他名下的一片土地，正被政府征收用于建造机场，可他所得到的补偿却非常少；最为悲惨的就是，他即将要无家可归了，因为城市里的房屋居住紧张，他担心无法找到一个合适全家居住的房子。弄不好他们一家还要住到帐篷里面，而且可不可以买到一顶好的帐篷，他也感到非常担忧。

他农场里面的水井干枯了，由于他房子附近正在挖一条运河，如果自己再花上500美元去重新挖个井，就等于是把钱都丢到水里面了，因为这片土地已经被征收了；他每天一大早就要起来去很远的地方运水，他担心自己的后半生都要在这样劳累的日子中度过了；他住的地方离他的商业学校比较远，他总是担心自己的老爷车会不会在开到一半的时候抛锚。

他的大女儿提前一年高中毕业了，她打定主意要继续上大学，可是他却担心不能及时筹集好学费。

里克每天都被这些问题弄得忧虑万分，最后他决定将这些问题都写下来，因为他觉得这些问题已经超出了自己的控制范围，他已经觉得束手无策了。

两年后的一天，里克在书房整理物品的时候，忽然发现了这张纸，上面记载了他曾经有过的所有烦恼。但有趣的是，他发现之前自己担心的那些事一件都没有发生过：

暖心小语

唯有放下内心的那些小纠结，才能迎来更好的生活。

担心学校会倒闭是毫无意义的，因为政府开始拨款训练那些退役的军人，所以他的学校很快就招满了学生；担心当兵入伍的儿子也是毫无意义的，因为他平平安安地回来了；担心土地被征收也是毫无意义的，因为附近发现了油田，所以停止了征收；担心每天运水劳累也是毫无意义的，因为土地没有被征收，他就可以花钱再挖掘一口水井了；担心车子会在半路上抛锚也是毫无意义的，因为在他的细心保养下，车子一直没有出过问题；担心女儿的学费也是毫无意义的，因为女儿在开学前找到了一份不错的工作，可以利用课后的时间工作，而这份工作可以让她不再担心学费的问题。

这些难忘的经验让里克深深地明白了一个道理：为了一些根本不会发生的事情去纠结、忧虑，是一件多么愚蠢的事情啊。

事实上，我们细心回想一下就会发现，我们的今天正是你昨天所忧虑的明天。当我们在为一些小事情忧虑纠结的时候，不妨先问问自己：我所忧虑纠结的这些事情到底会不会发生呢？

第八章
一程山高水阔，一心恬淡如风

安然端坐在岁月的一隅，静守一方心灵的净土，把所谓的得失成败，全部埋葬在岁月的最深处。从此，任他明月下西楼，心中已无风雨也无晴。

1. 不要因为飞虫，忽视了眼前的风景

生活中的每一件事对于陷于其中的我们而言，可能收获大于损失，也有可能是损失大于收获，也有可能得失相当。因此，我们有时必须较这个真，但如果我们在每一件事的得失上都算计的话，我们将会活得很累。

人生福祸相依，变化无常。少年气盛时，凡事斤斤计较，情有可原。一个人年事渐长，阅历渐广，涵养渐深，对争取之事应看得淡些，凡事不必太计较得失，顺其自然最好。当然，如果年少时就能学会这份豁达，生活中必然会增加很多欢乐。

在与人交往过程中，如果总爱吹毛求疵，过分注重一些毫无价值的小事，不但会让别人难堪，也使自己处于精神萎靡、心情恶劣的状态。这是一种浮

躁的表现，这种不良的心理使得他们只顾眼下，不管将来，只计较细小事情，心中无大事也无大量；只图自己一吐为快，从不考虑别人的感受。

莉娜是一名职业校对员，曾为出版社校对过不少书刊著作。莉娜工作认真负责，一丝不苟，在业界颇有些名气。

校队的工作做久了，在生活中，莉娜也经常会不自觉地检查单词拼写和标点符号是否准确。听别人讲话时，她也会想着他的发音是否正确，停顿是否得当。

一天，莉娜去教堂做礼拜，听牧师朗读一篇赞美诗。正当她听到要害之处时，牧师居然读错了一个单词，莉娜顿时浑身不自在起来，一个声音在心里不停嘟囔："他错了！牧师竟然读错了！"之后，她再也不能专心听牧师布道，也不知道牧师都讲了些什么，只为那读错的单词纠结。正在这时，一只苍蝇从莉娜的眼前慢慢飞过。

莉娜耳边突然响起了一句名言："不要因为一只飞虫，而忽视了眼前美丽的风景。"对呀，怎么能因为一个小小的错误而忽视整篇赞美诗呢？莉娜突然如醍醐灌顶一般，大彻大悟。

人生中的一些事，有时必须要较真儿才能成功，但亦不可太较真儿，尤其不能在得失上过分算计。人的作用是相互的，你表现出一分敌意，对方可能就会还你二分，然后你递增到三分，他又会还回来六分……一来二去，本来一个小小的矛盾就演化成了一个深仇大恨。不如在矛盾初成时，就把敌意变成善意，少一分计较。当"冤冤相报何时了"的双负，能成为"相逢一笑泯恩仇"的双赢时，你的人生才会充满快乐。

有一个答题赢大奖的电视节目，一位选手一路过五关斩六将，顺利答到了第九题。而此时，他已经没有机会再排除错误答案，也没有机会打热线给朋友，更不能向现场观众求助，答完第九题，他已经把最初设定的家庭梦想都实现了，这时主持人微笑着问："继续吗？"他深深地看了一眼台下怀有身孕的妻子，干脆地回答："不，我放弃！"

　　当时，主持人一愣，现场也是一片哗然。因为很少有人会在这个节骨眼儿放弃，而且这可是现场直播，全国观众都盯着你，你怎能说放弃就放弃呢？别人又会怎样看待你的"退缩"？但他似乎心意已决，主持人十分惋惜地连问了三次："真的放弃吗？你确定不会后悔吗？"他依然点头，坚定地说，真的放弃，我不会后悔，因为应该得到的已经得到了。这样，他就只回答了九道题，实现了自己的家庭梦想，但却没有向终点发起冲击。

　　这时，另一位主持人依然不放弃，又激问他："如果将来你的孩子长大了，看到了这期节目，这样问你：'爸爸，那天你为什么放弃了？'你会怎么说？"他说："我会告诉孩子，人生不一定要走到最高点。"主持人追问："那你的孩子如果说，我以后只考80分就满足了，你怎么说？"答题者微笑着回答："如果孩子不觉得难过，而且也的确付出了应该付出的努力，那么我认同！"

　　台下掌声雷动。

　　显然，大家都被他这种在得失面前所保持的那一份淡定从容打动了。有时候，适时的放弃并不是退缩，而是一种冷静的智慧，一种成

暖心小语

可能因为某个理由而伤心难过，但你却能找个理由让自己快乐。

熟的象征。成熟并不意味着你更加懂得去珍惜什么，而是你更加明白适时放弃的重要。得失之间，淡定才是美。

懂得享受当下的人懂得适当放弃，懂得超脱！生活也需要"有所为才能有所不为"，因为有所得，就必有所失。不要妄想有求必应，上帝不会那么眷顾你、满足你，如果你太过自信只能成为生活的弱者。要想得到更多，就必须要放弃某些东西。俗语常说，盲人的耳朵最灵，是因为眼睛看不见。的确如此，因为眼睛的失明，他必须竖着耳朵听，久而久之，耳朵的功能得到了超常的发挥。对于耳朵来说，这样的得到就大于失去。生活中也一样，当你追求的某种功能充分发挥时，其他功能就可能退化。因为生活是公平的，有所得就会有所失，所以，不要过分计较得失，相信生活会给你最圆满的答案。

"逃避，不一定躲得过；面对，不一定最难过；孤独，不一定不快乐；得到，不一定能长久；失去，不一定不再拥有"。请不要再计较那些个人得失，凡事不要太在意，更不要太强求，就让一切随缘。可能因为某个理由而伤心难过，但你却能找个理由让自己快乐。永远在得失面前保持一种超然的淡定，总有一天，你定能发现生活中被你忽视了的美好。

2. 不计得失，才能品味幸福

世人肉眼凡胎，凡事皆喜欢执着于虚幻的皮相，因此容易执着于"色"。古语"色即是空"，即是让大家不要执着于外在的色相。如果你执着于外在的色相，纵然耗尽了毕生的心力，到头来还是竹篮打水一场空。

苏东坡曾在《前赤壁赋》中说："客亦知夫水与月乎？逝者如斯，而未尝往也；盈虚者如彼，而卒莫消长也。盖将自其变者而观之，则天地曾不能以一瞬；自其不变者而观之，则物与我皆无尽也。而又何羡乎？"

文章中，苏轼借江水与明月两个意象展开自己的观点。苏轼说，从一方面看，江水滔滔不息日夜流逝；从另一方面看，江水还是一江之水。从一方面看，月亮阴晴圆缺日日不同；从另一方面看，月亮本身并没有任何增减变化。

这就是在告诉我们，看待人生是需要一个多元的角度的。生生灭灭，转眼之间，天地已不复存在，又何况短暂的人生？既然人生短暂无常，又何必因为那些琐碎的小事而太过计较？然而不可否认的是，我们每天都生活在得与失里。不过要相信天道无私，有一得必有一失，如果太计较得到，只能失去得更多。

有一首歌这样唱道："不管得与失，值得去庆祝，因为心中易满足。"放下得失不计较的人拥有豁达的胸怀，这是一种明智，这样的人看似吃一点亏，受一点累，但其实能收获更多。

一年冬天，瑞克继承了一个大牧场。牧场在郊外，瑞克为了照顾好牧场便搬了进来。有一天，他牧场中的一头牛逃出了牧场，最后冲破附近一户农家的篱笆偷食玉米，被农夫当场杀死。瑞克心想实在太过分了，只不过偷食了一点玉米，那农夫居然不经主人同意就把牛杀死了。

瑞克气不过便带着佣人一起去找农夫理论。可郊外天气风云突变，那天正值寒流来袭，他们只走到了一半，人和马就全部挂满了冰霜，两个人也几乎要冻僵了。好不容易抵达农夫的木屋，农夫却不在家，但农夫的妻子热情地邀请他们进屋等待。瑞克只好进屋取暖，然而屋中的一幕让他惊呆了。只见那妇人十分消瘦憔悴，而且桌椅后还躲着五个瘦得像猴子似的孩子。

不久，农夫回来了，瑞克听见妻子偷偷告诉他："他们可是顶着狂风严寒而来的。"

瑞克本想开口与农夫理论，可他忽然又打住了，只是伸出了手。农夫完全不知道他的来意，便开心地与他握手、拥抱，还热情邀请他们共进晚餐。

其间，农夫还满脸歉意地说："不好意思，委屈你们吃这些豆子，原本有牛肉可以吃的，但是忽然刮起了风，还没准备好。"

孩子们一听有牛肉可吃，高兴得眼睛直发亮。吃完饭，佣人一直等着瑞克开口谈正事，但瑞克似乎忘了一样，只见他与这家人开心地有说有笑。又过了一会儿，天气仍然相当差，农夫便要两个人住下，等明天天气转暖了再回去，瑞克拗不过，只得与佣人借宿了一晚。

第二天早上，他们吃了一顿丰盛的早餐，然后告辞回去了。

一路上瑞克默默无语，倒是佣人忍不住问他："我以为，你准备去为那头牛讨个公道呢！"

瑞克微笑着说："是啊，我本来是抱着这个念头的，但一进门就放弃了！后来证明我的决定是对的，我并没有白白失去一头牛，而是得到了更宝贵的人情味。毕竟，牛在任何时候都可以获得，但人情味却并不是那么容易得到的。"

大多数的人都在追求物质上的满足，为了小事斤斤计较，然而当物质需要得到满足之后，并没有得到内心真正的充实。人与物之间是无从比较的，真正的无价必定表现于无形。故事中的瑞克，尽管失去了一头牛，却换得农夫一家人的笑容和幸福，以及难得遇见的人情味，这段经历，更让他懂得生命中哪些才是无价的。

如果以计较的眼光看世界，世界很小，只会盯着别人或者自己那么一点的错误，而忽视了整首"赞美诗"。而真正的聪明人会主动放下计较，甚至还会利用常人的计较心理，达成自己的目标。

一般来说，持有这种心理的人，必将自己的精神世界局限于一个极小的范围，逐渐会变得自私冷漠、吝啬、苛刻，特别是在日常生活中，就连一些小小的疾病、挫折，财物上一点小小的损失，别人对自己小小的不尊重，都很容易对他们的心理活动产生极其深远的影响，甚至陷入其中无法自拔。因此，这种不良心理的危害是很大的，应该努力加以克服。

心宽者必淡定，他们闲看云卷云舒，明白了色空不定的道理。正如百岁老人陈椿的一句话："一件事情，如果想通了就是天堂，想不通就是地狱，既然活着，就一定要活好。"有些事会不会招惹麻烦，有时完全取决于我们的心态。不要把一些鸡毛蒜皮的小事放在心上，别太过于看重名利得失；不要总是那么猜疑敏感、任意夸大事实；也不要动辄就为了一点小事而着急上火，大动干戈，只有心里放得下这些，才会拥有一个幸福美满的人生。

3. 不要为打翻的牛奶哭泣

如果说监狱的恐怖在于囚禁了人的自由，那么世界上最恐怖的监狱恐怕并不是那些由铁窗和围墙圈起的牢房了，而是我们为自己所造的心灵监狱。人的一生，不如意事十有八九，如果我们看不破，那么就相当于把自己的心灵锁住了，于是眼睛只盯住那些看不破的事。我们应该学会放下计较，自省自励，不要让自己活在无穷无尽的烦恼之中，不要让自己活得太累。

日常生活中，很多人总是喊着活得太累，工作压力大，生活负担重，人际交往复杂，其实就是太在意了，不能将其放下。当我们把这些负担都放下时，便可以从人生的痛苦、生死的桎梏中解脱出来。

生活中，虽然我们无法左右命运的走向，却可以放弃心中的负担。如果总是不能忘记过去的无奈、悲伤、纠结、失意，受累的只能是自己。我们必须经常卸去自己的心理负担，放下太多的计较，这样才会提高生活的质量，让心灵得以释放。

天地间，人不过沧海之一粟，生命何其短暂，荣辱繁华也只不过是过眼云烟，既如此为何总是执着不肯放下。那些执着的，真的是在坚定自己的信仰吗？

看破需要改变既有的观念，而放下是改变观念的实践。从观念到实践，看破需要智慧，放下却需要勇气。只有看得破才能放得下，只有认得真才能担得起。放下不是绝对的放弃，而是为了更好地担起。

看破时需要放下，认真时需要担起，人生之事不过如此。不要因为自己执着的那点意念而毁了一生的幸福。

一天，一个妇人来找心理医生看病。一进门，她就开始诉苦，说感觉生活压力太大，还不厌其烦地向医生描述那些日复一日永远也做不完的事。其实她这一天也不过都在忙些日常生活中的小事，从每天早晨起床后整理床铺，一直到匆匆忙忙赶着出门去上班，这妇人好像在按既定的程序运作，始终为了去"赶"什么而活着。

医生皱着眉头听完她的诉说后，只给了她一条建议，就是让她不妨试一下一段时间起床后干脆不整理床铺。妇人一时间愣住了，从她的表情，可以看出她心里一定在嘀咕：为什么这个医生这么不负责任，难道我的烦恼全都是因为叠那一床被子引起的吗？但不管怎样，她还是同意按照医生说的办法试试看。

两个星期后，她又来到了医生的办公室。这次她一进门就能看出她心病已解，因为她步履轻盈，显得春风满面，一身轻松的样子。她告诉医生说，42 年来她头一回起床后没有整理床铺，结果发现原来不叠被子的感觉是这么好。她还说，以前她总要求自己饭后把餐具洗净擦干再放好，现在竟不再苛求自己每次都这样做了。

医生从内心里为这位女士感到高兴，因为她至少在两个方面突破了自我，解放了自己，一是发现自己在生活中有选择的余地——这一点她以前可能从未意识到；二是不再苛求自己事事追求完美——这对她意味着自我超越，意味着一种新的生活体验的开始。

这位妇人的心病在于对事情太过认真，从早晨起来叠被开始，她这一天的生活都被安排得紧紧张张、一丝不苟，如此一来，限制了心中的自由，于是病从心生。其实何止这位妇人，在如今快节奏的都市生活中，人就像是旋在高速运转的机器上的螺丝，只有铆在上面跟着转的份儿，绝无擅自离开或者中途停下来的道理。许多人都抱怨自己"活得太累"，其实不知道这种"累"并不仅仅是本力上的疲劳，更是心理上的感受和体验，是精神负担过重、极度疲劳的表现。

我们在现实生活中，每天为了生活疲于奔命，这就已经非常辛苦了，如果时刻再拿出这种辛苦和辛酸来时时品尝，岂不是跟自己过不去？对于那些烦琐的、压抑的、过去的不能忘怀的事情，不如统统忘记。而对于那些快乐的、值得的、美好的事情多认真想想，这样以后的路走得会更轻松。也许有人会说，失败是成功之母，失败了不应该忘记，而应该刻骨铭记，还要时时拿出来激励自己。殊不知，脑袋里装太多不好的经验，就会使人对未来丧失希望，失去向前的勇气。

哲学家说："不要为了打翻的牛奶哭泣。否则，打翻的将不是牛奶，而是你的心血……"一生中，我们要经历的事情很多，有快乐也有悲伤。对于智者来说，他们忘记的总是那些不快乐的事，而记住的却是那些快乐的事，所以，他们过的是一和轻松而充实的生活。

看破时放下，认真时扫起。这就是叫我们看破那些累人的辛酸，然后将其痛快放下；当我们需要认真时也要立刻承担起来。

走在路上，看那些匆匆赶路的行人，以及其眉间带着的疲惫，我们真的应该给自己减轻一些压力，让那些痛苦与忧虑远离我们原本纯洁本真的心灵。生命有时候是很脆弱的，不能背负太多的痛苦与悲伤，所以我们每一个人都应该乐观一些，放弃忧伤与不快，拾起那些简单和轻松，好让自己快活一生。

4. 失意时坦然，一切都将云淡风轻

痛苦、失败和挫折是人生必须经历的。受挫一次，对生活的理解加深一层；失误一次，对人生的领悟便增添一级。从这个意义上说：想获得成功和幸福，想过得快乐和充实，首先就得真正领悟失败、挫折和痛苦的意义。

英国一家保险公司曾经从拍卖市场买下一艘船，这艘船原来属于荷兰一个船舶公司，它自 1894 年下水，在大西洋上曾遭遇 138 次冰山，16 次触礁，13 次失火，207 次被风暴折断桅杆，但它却从来没有沉没过。

《泰晤士报》统计，截至 1987 年，已经有 1200 多万人次参观了这艘船，仅参观者的留言就有 170 多本。在留言本上，留得最多的一条就是——在大海上航行没有不带伤的船。

"在大海上航行没有不带伤的船。"这是一句多么激奋人心的话，在生活中我们是不是也应该这样勉励自己呢？在生活中，失意是不可避免的，但是只要我们正确地看待挫折，敢于面对挫折，在痛苦面前无所畏惧，克服自身的缺点，在困难面前不低头，那么顽强的精神力量就可以征服一切。没有什么能夺走你的一切，失意只会让你更强大。

俄国诗人普希金说过："假如生活欺骗了你，不要悲伤，不要心急，忧郁的日子里需要镇静，相信吧，快乐的日子将会来临。"既然每个人来到这世上，都会有不如意，那么不如放宽心吧！那些因为不够漂亮而痛苦的，就跟人比一比自己的健康；那些因为不够健康而饱受磨难的，就与人比一比自己的财富和亲情吧！也许我们不够富有，也许我们的日子很苦很累，但至少我们还有生命。

生命对每个人来说都是平等的，只有一次，那么该如何把握生活、享受生命呢？就用微笑来面对吧！用微笑就能苦中作乐，这样即使在寒冷的冬天也会感到生活的温暖，漆黑的午夜你也能看到希望的曙光。用微笑来面对生活，用微笑来面对每个人、每件事，你就会看到阳光灿烂，迎接你的必定是一路的鸟语花香。总之，心宽者淡定，淡定者一定多快乐。

艾莉是一个十岁的小女孩，按照一般人的眼光来看，她长得有点丑，但其实问题并不是因为她的五官长得不好看，而是搭配有点偏离正常比例。但这一点致命伤足够让一个十岁的小女孩产生自卑感了。艾莉时常在心里抱怨上天的不公、自己的不幸，根本没人见她露出过笑容。

逐渐长大的艾莉越来越自卑，这让母亲看在眼里疼在心里。一天，为了帮助女儿摆脱心理困境，母亲把艾莉拉到照相馆，一定要为女儿拍一组照片。照相馆中，母亲的要求很奇怪，她让女儿在拍照片时保持微笑，但不是让照相师拍她的整张脸，而是逐一对眼睛、鼻子、耳朵、嘴巴等五官单独拍特写。之后，母亲又偷偷拿出美国著名女星玛丽莲·梦露的头像，让照相师翻拍，同样要求照相师把五官一一分开。

几天后，照片冲洗出来了，母亲就把女儿的五官照片和著名女星玛丽莲·梦露的五官照片一一对照贴到女儿卧房的墙上。然后，母亲拉过艾莉来，让她仔细看着那些被分割的照片，并对她说："和世界上最著名的美女比较，你哪个地方比她差呢？"女儿迷惑不解地看了看母亲，将信将疑地端详起那些照片来。后来，她还把自己的这些照片指给那些闺中密友看。密友在不知情的情况下，有的说她的眼睛比另外一组照片的眼睛迷人，有的说她的嘴巴更性感。渐渐地，她相信了母亲的话，觉得自己并不比玛丽莲·梦露丑，终于，艾莉的心结打开了，她开始对别人微笑，对自己，对生活，都变得更加自信了。

人无完人，世上每个人都存在这样那样的缺陷，当你换个角度来看时，这个缺陷不但并不致命，甚至可以忽略不计。人有生理缺陷当然遗憾，但它既已存在，我们就该泰然处之，放宽心微笑待之。

暖心小语

用一种看风景的心情来笑看人生旅途时，一切都会归于淡然和美好。

女孩有一副动人的歌喉，唱起歌来委婉美妙，像百灵鸟一样，但令人遗憾的是她却长着一口龅牙，十分难看。于是，虽然很多人鼓励她参加唱歌比赛，但也不对她抱太大希望。在比赛过程中，女孩为了遮盖自己的缺陷，总是尽力避免将嘴张大。可这样一来，反倒影响了她的表演，结果表演搞砸了。

就这样，几次参赛下来，女孩几乎对自己绝望了。但事情总会出现转机，在一次比赛中，一个评委发现了她的歌唱天赋，并鼓励她说："你有唱歌的天赋，我相信你一定能够取得成功，但你必须忘掉自己的龅牙。"

在这位评委的帮助下，女孩渐渐走出自己龅牙的心理阴影，在一次全国大赛中，她极富个性化的演唱倾倒了观众，征服了评委，最终脱颖而出。她就是著名的流行乐后卡丝·戴莉。

上帝总是公平的，他在为你关上一扇窗子的同时，总会为你打开另一扇窗子。我们不必为自己的平庸和丑陋感到自卑，只要善于发现，完全可以从这些自认为丑陋的缺陷中找到有价值的一面。只要我们能以一种平和、淡定的心态来对待人生，笑对人生，自己所有的缺陷看起来都是不足为道的。

人生亦当如此。人生不无遗憾，当我们与不幸不期而遇时，就要既来之则安之，淡然处之，宽容以待。当你把自己生命中的遭遇看作是或圆满或凄美的风景，用一种看风景的心情来笑看人生旅途时，一切都会归于淡然和美好。

5. 塞翁失马，焉知非福

让人看淡得失不计较，未免有些冠冕堂皇，让人听起来不过是一些安慰人的体面话。的确，"得到"是主动的，表现出来的是一种积极进取的生活态度；"失去"是被动的，表现出来的是一种消极的人生追求。

一生中，人们有得亦有失，但大多数人都不会主动想要"失去"。因此，几乎任何的"失去"都是客观的，就看你能不能说服你的主观意识来接受它。能接受的就是淡定，不能接受的便选择逃避，有时明知道最后会失去，却依然选择飞蛾扑火。那么这样的人，我们能说他是明智的吗？

那么，我们究竟该怎样看待得失呢？为什么平白无故地要接受它，这放在一般人身上都不是一件容易事。选择逃避吗？能逃得掉吗？不管你承不承认，失去了就是失去了。所以，我们不如这样来看。

把得到不要看成一件简单的事，得到从来不会那么幸运，它需要客观条件的允许和主动努力配合，以及天时地利人和的佐助才能实现。而这种得到也是有限的，如果你太过贪婪，就会让你适得其反，最终失去更多。

因此，面对生活和工作中的一切，你不能随意给事物定位，认为哪个是你应得的，哪个是你不应该失去的。得到与失去没有什么应该不应该，全在于你自己怎样去看待。塞翁失马说的就是这个道理，体现了古人在看待得失时的精明睿智。

古时靠近边塞的地方，住着一位上了年纪的老翁。一次，老翁家的一匹马无缘无故挣脱了马缰，闯过边塞，直奔胡人居住的地方去了。邻居听说后都前来安慰老翁，只见老翁心中已有数，平静地说："谁知道这事不是一种福呢？"

这句话果然应验了。几个月后，那匹丢失的马突然跑回家中，不但如此还带着一匹胡人骏马一起回来。邻居们知道这个情况后，都前来向他家表示祝贺。老翁此时却无动于衷，愁眉不展，接着他坦然道："这未必不是祸啊！"果然，老翁的儿子十分喜欢这匹新来的烈马，而且他生性好武，喜欢骑术，一天到晚骑着烈马到野外练习骑射。结果有一天，烈马脱缰，把他儿子重重地摔了个仰面朝天，以致大腿断裂，成了终身残疾。邻居们听说这件不幸的事情后，纷纷前来慰问。老翁却不动声色，淡然道："这件事未必不是福。"果然，只一年不到，胡人侵犯边境，大举入塞，四邻八乡的精壮男子全被征召入伍，结果死伤无数，而靠近边塞的居民，更是十室九空，剩下一些老幼病残无人照料。唯独老翁的儿子因跛脚残疾，没有被招去打仗，因而父子得以保全性命，安度残年余生。

福可以转化为祸，祸也可变化成福。这种变化深不可测，实难预料。"塞翁失马"阐述的是老子"祸兮福之所倚，福兮祸之所伏"的祸福倚伏观。

古人尚且有比等高深的胸怀和智慧，生活在现代的我们就更应该看透这一点了：得与失有着必然的联系，你得不到时那就意味着正在失去，在你失去的时候又何尝不是一种意识不到的"得到"呢？看事情要一分为二，得到和失去是对立统一的矛盾体，没有得到，失去就不会存在，没有失去，得到又从何而来呢？不论发生什么事，我们都应该以一颗宽广的心来对待得与失，热爱生活才是快乐的源泉。

祸能转成福，福也能变成祸。祸之所以能够转成福，是因为当一个人身处困境或灾难时，便急切地希望能够平安度过，于是千方百计想寻求解脱的办法，所以能够心存敬畏，凡事小心谨慎，不敢妄为，于是，福也由此产生。福之所以会变成祸，不过因为一句"生于忧患，死于安乐"。人们一旦养尊处优惯了，便会随心所欲地过着放荡、奢侈的生活，肆意地表现出骄横的样子，于是做事草率，待人傲慢失礼，专横跋扈，祸端就此产生。

一个人经历的苦难多了，便可以磨炼他的坚强意志，而一个从未经历磨炼的人，因为无法适应各种不同的处境，反而很容易丧失生命力。所以"得"往往是"失"的开端，"失"则为"得"埋下了些许伏笔。由此可见，我们一世为人，身在福中，应该知足，却不能常常希求福上加福。生活中即便有所得，也应该适可而止，不可无厌贪多。这样，当福之所致，不会过于惊喜；当祸之所致，也不致过于慌乱。当我们处在幸福环境中要有所顾虑，尽量避免招惹灾祸，这样幸福才可保持长久。当我们在生活中获得某些好处，也要考虑到有得必有失，不如把所得的好处与他人分享，这样便能常常获得好处，所以有智慧的君子，处于安泰的时期，不敢忘有危难的存在，在平静的年代里，不敢忘记会有动乱发生。

需要明白的是，福祸所依的观念源于一个"宽"字。一个人只有心胸足够宽广，才能受得起大富大贵，一个人只有足够淡定才能容得下大苦大难。不论福还是祸，都能装得下了，你才能看透福祸之间的必然关联，才能更坦荡更淡然地不计得失。

6. 花谢还会开，冬去春才来

这世上的每一个人，都注定着无法逃脱那些所谓的不幸和不快。即便你走遍天涯海角，寻得一个看破世间红尘之人，他也同样无法摆脱现实中的猜忌、心理上的纠结和生活中的烦恼。要知道生活中没有什么是永远一帆风顺的，谁也没有办法从世俗的烦恼中摆脱出来。

可是，如果我们总是一味地去想着那些让我们烦恼不安的事情，那么我们就只会一直抱怨生活的不公，纠结内心的困扰，将每一天的心情都弄得十分糟糕。如此一来，我们的生活哪还有快乐可言？

有一个年轻人。在他刚过完24岁生日的时候，就惨遭他人陷害，在牢房里面整整度过了十年的时间。后来这个冤案得以平反，他也得以被释放。可是，他却开始了日复一日的反复控诉和咒骂："我真是太倒霉了，在我最年轻的时候居然遭受冤屈，在监狱里面度过了人生最美好的时光。那里根本就不是人待的地方，房间里阴暗潮湿，气味难闻，狭小的窗户从来也见不到一丝的阳光，我真的被折磨得生不如死。我不明白为什么陷害我的那个人没有得到惩罚，就算把他千刀万剐也难消我心头之恨啊！"

72岁那年。在贫病交加中，他终于卧床不起。临终之时，牧师来到了他的床前，轻轻坦对他说："可怜的孩子，在去天堂之前，先忏悔一下你在人世间的一切罪恶吧！"

躺在病床上面的他依然对往事耿耿于怀："我不需要任何的忏悔，我需要的是不停地诅咒，诅咒那些给我的人生带来不幸的人。"

牧师握住他的手问："你因为遭受冤屈而在监狱里待了多少年？"

他悲愤地将数字告诉了牧师，牧师听完长长地叹了一口气："可怜的孩子，你真是这个世界上最不幸的人，对于你遭受的这些不幸我感到十分同情和难过。你被关了十年。可是当你走出牢房去享受外面自由的时候，你却用心中的仇恨和咒怨将自己囚禁了整整38年。"

在人生漫长的道路上，我们难免会遇到许多心酸的挫折和悲欢离合。即便那个时候我们的心中充满了无限的委屈和愤怒，可过去的毕竟已经过去了。如果我们还是将这一切包袱都背负在身上，那么我们的人生岂不是走得太过劳累？又如何去体验这人生的种种乐趣和快乐？如果往事不堪回首，还硬要逼着自己去回首，那么烦恼岂不是会永远跟随着你？纠结于往事中，只会让你陷入无限的失落，破坏每一天的心情。

幸福快乐不会主动找上门，它只会属于那些热爱生活和珍惜生命的人。有的时候，事情既然已经发生了，那么我们就不应该再为这些已经发生的事情去纠结，而应该做到让这些发生过了的事情就此过去。

许多人都认为，初恋的失败是最令人痛苦的，甚至有人因此而绝望自杀，其中的原因之一就是这个时候他们往往会产生一种错误的观念：从此以后，我再也不会拥有真正的爱情

暖心小语

幸福快乐不会主动找上门，它只会属于那些热爱生活和珍惜生命的人。

了，我再也不会有这种刻骨铭心的感觉了。他们会把一次恋爱的失败当成是这辈子爱情的终结，而实际上这种想法是错误的。因为只要他们再一次投入恋爱中去，并为对方牵肠挂肚，朝思暮想，那么他们再回头想一想曾经的想法和举动时，就会觉得自己当初非常幼稚可笑。

其实，当我们在生活中遭遇到各种不幸和挫折时，应该先冷静下来思考一下可能会出现的三种结局：最好、中等、最坏，同时还要不停地提醒着自己，我不一定就是最坏的结局，有可能会是中等或者最好的结果。凡事一定要尽量往最好的方面去想、去努力。

你一定要坚信，这一切都将成为过去，没有什么大不了的。

伟大的所罗门王有一天晚上做了一个奇怪的梦。梦中一位智者告诉他一句至理名言。这句至理名言涵盖了人类的所有智慧，可以让人们在得意的时候不骄傲；在失意的时候不绝望，自始至终都保持着一种勤勤恳恳、奋发向上的状态。可是，遗憾的是，当所罗门王醒来的时候却怎么也想不起梦中的那句至理名言了。

于是，所罗门王找来了这个国家里最有智慧的几个人，向他们讲述了自己所做的那个梦，要求他们把那句至理名言给想出来，并拿出一枚大钻戒，说："如果你们想出了那句至理名言，就把它刻在这个戒面上。我要把这枚戒指天天都戴在手上，以便时时刻刻地提醒自己。"

一个星期以后，几位智者非常兴奋地前来给所罗门王送还钻戒，只见戒面上刻了六个字："一切都会过去。"

人生一世，从表面上来看，似乎有很多事情都是和将来的幸福生活有关系的，例如金钱、名誉、地位，等等。其实只有过来人才会了解，这一切不过都是过眼云烟。在人的一生中，只有那种平和的心态与时时快乐的感觉才是最为真实可靠的。那些看似让我们纠结难安的事情，其实都是一时的，等到过去以后，你就会发现它根本没有什么关系。

所以说，我们在经历痛苦的时候要学会调整自己的情绪，学会微笑着对自己说，何必纠结至此，这一切都将会过去，挥一挥手，勇敢地和它们告别。要相信，只要拥有一个好心情，幸福和快乐就一定会降临。如果我们一直纠结下去，无法释怀，那么幸福就好比挂在驴子前面的那根胡萝卜，永远都是可望不可即的。

繁花凋谢了，还有再盛开的时候；春天过去了，还有再来的时候；树木枯萎了，还有再复苏的时候；心情低落了，也还有再好的时候。所以，当你感到不幸福或者不快乐的时候，请务必放下内心的纠结，不要一直计较下去，因为这一切终将过去。

7. 失败不是终结

虽然失败大多是一些令人痛苦的经验，有时甚至是一些让人生受到重创的体验。但这种体验几乎会体现在每个人身上，无论你是什么人，不管有多伟大，有多不同凡响，在人生之路上都要或多或少地经历失败。失败是正常的，重要的是面对失败的态度是什么。如果把成败看得太重，就会只注重一个结果，为此会因失败而遭受打击，一路消沉。

其实，钓胜于鱼，过程比结果更重要。看淡成败，并不是让你不再争取成功，而是要让你更看重争取成功的过程。在通往成功的道路上，更重要的是不断探索发现，总结失败的经验。只有这样，你才能体会到争取的乐趣。这样一来，就算失败了，也不会丧失重新站起来的勇气。

日本战国时期，武田信玄是当时赫赫有名的武将，他在积聚了很大实力后，决定西征，讨伐西边的织田信长。

在这个节骨眼儿上，德川家康也蠢蠢欲动。1572年，武田信玄率领数万大军向西争霸，途经德川家康的居城滨松，居然旁若无人地在城下列队而过。

德川家康那时30岁出头，年少气盛，他认为这是一种侮辱和挑衅，于是立刻率军尾随，谁知却中了信玄的计，在三方原几乎全被歼灭，家康只身逃回居城滨松，回来时衣衫褴褛，还尿湿了裤脚，十分狼狈。

出人意料的是，德川家康并不避讳，马上差人请画师过来，要求把他的丑态画在纸上。从此，德川终生把此画挂在自己的座位旁边来提醒自己。

大败之后，德川家康深刻地汲取了失败的教训，从中体会到有勇无谋的危险以及参谋和企划幕僚的重要。从此，他积极地充实军备，改良战术，精心培养智囊团，如政治参谋、情报参谋、战略参谋，这些参谋使德川家康兵团形成一个布局沉稳，有计划、有组织、有效率的团队，对他后来打败群雄，扫除反对势力，掌握全国大权有极大的贡献。

他并不把织田信玄当作敌人，而是当成老师，潜心研究织田信玄的兵法和战术。织田信玄死后，德川家康以武田胜赖为目标，利用学到的织田信玄的战法，进攻骏河并且轻易地攻陷武田胜赖在东三河的据点长筱城。这次，他轻易地攻陷长筱城，从此一跃成为少有对手的军事战略专家。

后来，当德川家康成为雄霸一方的将军后，仍然将那幅耻辱的画像挂在身旁。有人劝他将其拿下，他却说这是他奋发图强的最好见证。对他来说，那次的耻辱不重要，现在的成功也不重要，值得炫耀的应该是他努力拼搏的过程。

失败本身并不是坏事，德川家康能够看淡成败，所以才能轻易地从失败中学到宝贵的东西，为以后人生的成功奠定了一定的基础。

每个人都难免会遭遇失败，失败其实并不可怕，但如果失败了你却毫无意识，甚至还自以为胜，置身于人生陷阱中而不知，这才是一种人生的悲哀。因此，在面对可能出现的败局时，我们不能将自己定格在这个结局上，放之任之，因为这种败局只是一种可能，没有必然性。最为精彩的是为梦想奋斗的过程，而能够让我们获得荣誉的最关键因素，就是内心的淡定、宽广。

汤姆·莫纳根最开始和哥哥在一所大学附近开了一家小小的比萨饼店，取名为达美乐。可是没过多长时间，生意就越来越糟，在情况最恶劣的时候，哥哥把自己的股份卖给了汤姆。这对于年轻的汤姆来说是一个沉重的打击，但他一直保持着乐观的心态。当时很多人都劝他放弃算了，可他却说不管成功还是失败，他都要奋力一搏，到时就算失败了他也愿意从跌倒中汲取教训。

汤姆真的挺过了最艰难的时候。后来，为了扩大生意，他和一位提供免费家庭送餐服务的人合作。对方提出只支付 500 美元的投资，却可以取得平等的合作人资格。汤姆接受了这一不合理要求，然而，当合作方案正式开始之后，却仍看不到合伙人的500美元。

大约两年后，汤姆破产了，还要承担75万元的债务。这次跌倒让他尝尽了辛酸，但他依然没有心灰意冷，还是决定从头再来。这份信念使他在第二年就偿还了所有的债务，并赚了五万美元。但是，灾难远远没有结束，他的饼店被一场大火毁了，损失了15万美元，保险公司却只支付给他13万美元。他几乎又面临破产。

这是他生意场上的第三次跌倒，他仍然没有放弃，三年后，他再一次卷土重来，这次他拥有了12家比萨店，并且还有十几家在建设中。但是由于规模扩大过快，出现了资金短缺，使整个达美乐陷入了财政危机。

这是汤姆在生意场上的第四次跌倒。十个月后，汤姆重新接管了达美乐，他让债券人和银行给了他一段时间，让他将生意恢复起来。大多数人都同意了，但是他的专卖店授权商们以反托拉斯的诉状将达美乐送上了法庭，汤姆忍不住哭了。这是汤姆经营达美乐以来又一次跌倒。

尽管如此，汤姆还是没有放弃，在接下来的九年里，他缓慢地恢复自己的生意，经过努力，他不仅偿还了所有的债务，还使达美乐生存了下来，接着他还使达美乐成为世界上最大的送货上门的商业机构。由此，汤姆成为美国最富有的企业家之一。

汤姆经历了一次又一次的跌倒，但他始终都没有退缩，每一次都勇敢地站起来，最终达到了事业的顶峰。汤姆之所以能够在无数次的重击之下挺过来，就是因为他能看淡成败，支持他信念的东西不是今后的成功，而是过程中的酸甜苦辣。

有这样一句话："成功不是终点，失败也不是终结。"过程比结果更重要，只要你能看透这一点，就能放宽心，无论大起还是大落，都能包容在内，只为那过程中的苦辣酸甜。

8. 清水洗尘，淡菊养神

人活一世，就是在进行一场争斗，与这个世界，与自己。有些人因为争不过世界就为难苛求自己，结果还是输。好不容易来世走一遭，究竟是要争过世界而输了自己，还是要争了自己输掉世界呢？

其实你大可以看淡这场竞争，不去计较输赢，到那时你既能争了世界，又能赢了自己，这其中的关键，就是在一个"宽"字。生活中，我们常见一些"洁癖"，他们在生活中讲究良好的卫生习惯，只是有些讲究过了头。比如每天下班回家都要把里里外外的衣服换下来，还要放在消毒液中浸泡清洗；在办公场所也不消停，如担心放在办公室的杯子会成为传染源，于是就频繁更换杯子；每天清洗私家车内外，即使只有自己或家人乘坐，也要用消毒液擦个遍……这些洁癖者对肮脏和接触，几乎到了不能容忍的地步。

结果，医学专家认为，过分的消毒卫生措施是没有必要的，这样不仅起不到预期的效果，还会给人们在时间、精力上带来很大负担。最终，洁癖者的行为不但让他们自己累，也让身边的人很累。

这就是典型的看不开，连一点肮脏都无法容忍的人，怎么能容得下整个世界。这样的人活得太累，对自己要求太苛刻，最后会因为放不下输赢而输掉一切。

一个星期六的晚上，餐桌上觥筹交错——这是父亲的朋友来晴晴家聚会。这一次出现了很多生疏的面孔。晴晴喜欢这种场面，甚至有些渴望，因为她不想失去任何一个可以让自己"芳名远扬"的机会。

餐桌上，父亲和朋友们谈兴正浓，晴晴知道快轮到她上场了。果然，父亲突然自豪地对众人说："我这个女儿，可了不起。"说完就转头对晴晴说："快去把你的证书拿来给叔叔们瞧瞧。"和以前一样，晴晴高兴地跑回书房，拿起那一摞"整装待命"的证书。

父亲接过去，一一打开并对众人解说。这时候，晴晴就像明星被隆重推出一样，受到了热烈的欢迎。叔叔们都啧啧称赞，有的对她报以赞赏的笑容，有的竖起大拇指说："真棒，这孩子真不错！""这孩子这么聪明，像她父亲。""比我家那孩子强多了！"那些赞美之词化为一阵阵波涛把她推向了虚荣的顶峰。

"这是以前得的吧？"一位正拿着晴晴的证书翻看的叔叔说道，他的声音很平静。

"是的。"晴晴回答，准备好了听他的夸赞。

"那现在的呢？"他的声音仍很平静。

"现在的？"晴晴一愣，不解地望着他。他一身黑色的西服，身体瘦弱，戴着一副金丝边眼镜，坐在一个角落，实在很不起眼儿。

"没有。"晴晴小声地回答道。

"小姑娘，过去的都已经过去了，把握现在才是最重要的。"他感慨地说。

晴晴听了之后，惭愧地低下了头。

人活在这个世上，有值得骄傲的一面，就有落魄的一面，当值得骄傲的一面被自己过度张扬时，就会被落魄的一面抓住辫子，而你的一生也许就完了。

究竟怎样才算成功，怎样才算赢，这不是上帝说了算，也不是别人说了算，而是靠你自己说了算。当我们的渴望太多时，就会变得欲壑难填，从而失去了心灵的自由和快乐。到了最后，我们也会因此沦为成功的奴隶，把自己折磨得心力交瘁却得不到任何有价值的东西。

一个男孩住在山脚下的一幢大房子里。他喜欢任何时尚的东西，跑车、音乐、游泳、踢球，而他的父亲也的确能供给他这些条件。总之在很多人眼里，他们都认为小男孩是幸运的。但男孩却不这样想，他从小争强好胜，什么都要争最好的，因此他给自己树立了一个很高的目标，希望长大后能实现。

有一天，上帝听到了他的渴求，于是来见他。男孩见了上帝便对他说："我知道自己今后想要什么样的生活了。"

上帝问："你要怎样的生活？"

男孩回答："将来我的房子要像城堡一样，门前有两尊雕像，里面还有后花园；我的妻子要身材高挑、美丽端庄，她长着一头黑黑的长发，一双蓝色的眼睛，会弹吉他，会唱动听的歌谣；我们还要生三个健康的男孩，并同他们一起游泳、踢球，而且他们前途无量，分别成了科学家、参议员和橄榄球的四分卫；我不但要有许多财富还要成为冒险家，到时我会开着红色法拉利周游世界，并救助途中的受难者。"

上帝听了笑了笑，说："真是一些美妙的梦想，希望它们最后都能够实现。"

一晃 20 年过去了，男孩学了商业经营管理，专门经营医疗设备。再后来，他娶了一位美丽的女孩，有一头黑黑的长发，但是个子却不高、眼睛不蓝，而且不会弹吉他、不会唱歌。但是，她却做得一手好菜，画得一手好画。

男孩因为工作的原因住在了市中心的高楼大厦。虽然门前没有雕像，但是可以看见深蓝色的夜空和闪烁的霓虹灯。

他没有儿子，却有三个美丽的女儿，她们都非常听话可爱，会时不时跟父亲一起在公园踢毽子。

他没有红色法拉利，而且还要经常乘火车、飞机出门办事。

他的日子过得倒也十分幸福安逸，可是一天早上醒来，他突然想起了多年前自己的梦想。于是，他十分难过地对周围的人不停诉说、抱怨自己的梦想没能实现。他觉得这一辈子都白活过了，他还将一切都归咎于上帝，最后居然有了求死的想法。

躺在病床上的他又见到了上帝。

"你还记得我是个小男孩时，对你讲述的那些梦想吗？"他问上帝。

上帝回答："记得。""可你并没有让我实现？这让我感觉输掉了自己的一生。"男孩伤心地问道。

上帝回答："其实你已经实现了，只是我想让你惊喜一下，给了一些你没有想到的东西。一个好妻子、一份好工作、一处舒适的住所，这是多么搭配的组合。还有，三个可爱的女儿……"

"可这并不是我真正想要的。"男孩打断了上帝的话。

"难道你现在不幸福吗？"上帝问道。

男孩沉默了。

"我本以为你会把我想要的东西给我。"上帝说。

"那是什么？"这让男孩很惊讶，他从不记得上帝要求过他什么。

"我希望你能因为我给你的东西而感到快乐。"上帝温柔地答道。

男孩不再说话了。那天晚上他做了一个梦，梦到自己有一份好工作，住在一所能看到星空的公寓里，有一个贤惠的妻子和三个可爱的女儿，而这些就是他现在所拥有的。

从此，男孩过得非常快乐。他明白，快乐从未离开过他，而他从来不曾输过，只要他想，他就是最成功的。

不管这世界怎样变换，我们都要真诚地面对生活和自己。不要把一切都定格在输赢上，何必要这样为难自己呢？人心不足蛇吞象，无法看淡输赢成败，最终自己会毁在人生这场争斗中。

9. 学会安然，让明媚的笑颜永驻

很多时候，冲动不仅会让人思想上失去冷静，心理上失去平衡，甚至还会让人在遇到事情的时候不用心去思考，看到些什么，或者是听到些什么，就认为是什么，从而失去了正确的判断能力。

在现实生活中，我们在遇到事情的时候，总是会太过于冲动，其实一个人真正的成熟正是要懂得遇事冷静，不冲动。能够放下冲动的人具有十分深沉的能力，行事起来也不会太过于仓促，不会被一时的情绪左右思想。只有放下冲动，我们才可以学会淡泊，才能够品味生活中的那些小细节、小幸福。

有一个人去几十里外的陌生村庄买了满满一车的西瓜，用拖拉机拉着赶往城里卖，希望可以大赚一笔。由于是山路，所以一路走来都是坑坑洼洼，非常颠簸，再加上他对这一带不熟悉，又急着赶路，所以就赶忙向路边的一位农夫打听，要走多久才可以走出这条颠簸不平的山路。

"你先别着急，要慢慢走，再过十分钟就能到大路了。"农夫回答道，然后他又赶忙提醒，"但如果你快速赶路的话，就会耗费掉你很多的时间，甚至还会白赶路了。"

"这是什么歪理啊？根本就是在胡说八道！"这个人根本就没有理会农夫所说的话。问完路以后，就急急忙忙地加速前进。不料还没走多远，车轮就撞在大石头上了，装满西瓜的车猛烈地摇晃了起来，有不少西瓜从车子上面滚落了下来，由于车速的冲击力太大，轮胎被锋利的石头尖给划破了。西瓜摔坏了不说，连车胎也被撞坏了。后来，经过一番努力，他终于把车子给修好了，也把落在地上没有被摔坏的西瓜重新装上车，可以开动继续前行了，可是他却累得没有力气了。他非常疲惫地回到了驾驶座上，想要快点赶路都不行了。

这个时候，他忽然想起了农夫刚刚所说的那番话，恍然大悟。在剩下的路上，他十分小心地开车慢慢行驶。不一会儿就来到了大路上面，只不过，那个时候天已经完全黑下来了。

如果不是因为他太过冲动急躁，车子就被

撞坏，也不会耽误时间还赔本。有的时候，一时冲动急躁地去做一些事情，反而不能很好地解决问题，甚至还会让问题变得越来越糟糕。只有拥有一个平和的心态，才能让自己在做事的时候不会太过于冲动。

有一位父亲在过世之后，只留给了儿子一幅古画，儿子看完了以后感觉十分地失望，正打算把画收起来的时候，忽然发现画的卷轴非常重，就急急忙忙撕开了一角，赫然发现里面藏了不少的金块，于是就立刻将整个画给撕破了，顺利地取出了里面的金块。但是，紧接着他又发现了金子中间夹杂了一张小字条，字条上面提到这幅画是古代名家大师所绘画的无价之宝。可惜画已经在他的冲动之下被撕得破碎不堪，再怎么后悔也为时已晚了。

从这个故事我们可以看出，因为一时冲动造成了无法弥补的遗憾。因此，我们必须要充分地认识到冲动的危害性。只有充分地认识到它的危害，才有动机和力量去克服它。当然，有的时候我们也不妨借助外部的提醒或者帮助。例如，林则徐每到一个地方，就会在书房最显眼的地方贴上"制怒"的条幅，以此来随时提醒自己不要随意冲动发火。其实，这些方法并不复杂，我们也可以给自己立下个座右铭，时常告诫自己，以便自己能够迅速地从冲动的情绪当中解脱出来。

在美国有一个小男孩叫约翰，他一直都是一个非常顽皮的孩子。他非常喜欢汽车，在他的房间里面也摆满了各种各样的汽车模型。约翰的最大梦想就是能够拥有一辆真正的汽车。可是，正是因为他痴迷这些，所以总是不好好上学，学习成绩也是一直很差。约翰的父母为此很着急、担心。

有一天，父亲把约翰喊到了身边，然后对他说："孩子，你想拥有一辆真正的汽车吗？""当然想了，爸爸！"约翰快速地回答，并用充满了期待的眼神看着父亲。"那这样吧，孩子，不如我们来做个约定，只要你可以考上大学，我就送你一辆汽车怎么样？""真的吗?!"约翰感到有点不敢相信，在得到父亲肯定的回答以后，约翰开心地答应了这个约定。

从这以后，约翰再也不像以前那样贪玩了，他开始把所有的心思都用在学习上面。功夫不负有心人，约翰终于如愿以偿地考上了大学。他高兴极了。约翰感到开心的真正原因是他终于可以拥有一辆汽车了。

"爸爸，我考上大学了，你看，这是我的录取通知书。"

"太好了！祝贺你，约翰！"

"爸爸，你不是答应过我，只要我考上大学，就送我一辆汽车的吗?"

"当然了，你赶紧去你的书房看一下吧。"

书房里面怎么可能会放得下一辆汽车呢？难道爸爸是在骗我吗？约翰这样想着，等到走到书房以后，发现里面和平时一样，除了书本，根本没有什么汽车。想到爸爸骗了自己这么多年，约翰感到十分生气委屈，一气之下就离家出走了。

这一走，就是整整十年。在这十年里，约翰过得并不开心，他总是会想起家中的父母，担心着父母的身体健康。于是，他整理了行李，赶回了家中。可是当他回到了家中才发现爸爸早已去世，而妈妈也满头白发，苍老了许多。约翰感到非常伤心，抱着妈妈大声痛哭。当妈妈问起他为什么当年要离家出走时，他哽咽着回答："爸爸当年欺骗了我，他并没有给我买什么小汽车。"妈妈难过地回答道："你爸爸的确给你买了汽车，他把车钥匙就放在你书房的抽屉里。"

约翰听到这里，不禁失声痛哭道："我当时为什么不好好看一下，我太冲动了，我好后悔，都怪我，爸爸，我对不起你……"

如果约翰当年能够不那么冲动，肯好好检查一下书房，也许就不会造成这么大的遗憾和悔恨。很多时候，很多事情就是因为我们无法控制好自己的冲动情绪，才会给自己带来那么多的烦恼。有这么一句话："冲动是一切悲剧的根源。"是啊，因为冲动造成的悲剧我们已经听说过很多。既然我们深知这个道理，为何还不放宽心态，用一种平和的心境去对待我们所遇到的问题呢？

我们用什么样的态度去对待生活，生活就会回馈我们什么样的人生。因此，当我们的内心情绪开始不平时，不妨先静下心来，告诉自己一定要冷静，不要太过于执着，用平和的心态去看待这一切就好。这样一来，你就会发现生活原来是如此幸福美好。

第九章
一朵幽兰怒放，一心寂寞芬芳

用一颗平常心，如看一朵花盛开，一朵云飘过，走过这一程纵横的阡陌，把寂寞尘封在逝去的流年里；用一路的微笑，还寂寞一片明媚。

1. 岁月静好，安守寂寞

也许，很少有人能具体地说清寂寞到底是什么，但它却从来不曾消失过，反而如影随形，存在于每个人的心中。

有时，寂寞是一种考验。是否耐得住寂寞，是对坚守的考验：有的人能够守住精神的底线，有的人却成了道德的叛徒。有的人面对诱惑，从容镇静，能够参悟人生的真谛，有的人却被生活所控，跌到地狱的深渊。

守得住寂寞不一定都能通向成功，但所有的成功必来自于寂寞奋争的过程。可以说，耐得住寂寞是生命真正成熟的重要标志之一，因为这需要一种对人生高尚的信念，对梦想强烈的追求以及坚韧的意志力。唯有此，人生始有所成。

李时珍的家族世代从医，世代长者都是远近闻名的"铃医"。在当时社会中，民间医生的地位很低，李家常受官绅的欺侮。因此，父亲决定让二儿子李时珍读书应考，以便一朝功成，出人头地。

李时珍自小体弱多病，然而性格刚直纯真，对空洞乏味的八股文不屑一顾。自14岁中了秀才后，又三次到武昌考举人，均名落孙山。于是，他放弃了科举做官的打算，专心学医，并向父亲表明决心："身如逆流船，心比铁石坚。望父全儿志，至死不怕难。"

李言闻被儿子的坚诚所打动，终于同意了李时珍的要求，并精心加以辅导。在父亲的启示下，李时珍认识到，"读万卷书"固然重要，但"行万里路"更不可少。于是，他穿上草鞋，背起药筐，远涉深山旷野，足迹遍及河南、河北、江苏、安徽、江西、湖北等广大地区。

他深入实地进行调查，遍访名医宿儒。每到一地，就虚心向各种人物请教，其中不乏采药的、种田的、捕鱼的、砍柴的、打猎的。其中，连《神农本草经》都说不明白的"芸苔"，就是在一位种菜老者的指点下，经过察看实物而得知的：芸苔实际上就是油菜，头一年下种，第二年开花，种子可以榨油，于是，这种药物便在他的《本草纲目》中一清二楚地解释出来。

如此种种，李时珍既"搜罗百氏"，又"采访四方"，搜求民间验方，观察并收集药物标本。经过长期的实地调查，他搞清了许多药物存在的疑难问题，终于万历戊寅年（公元1578年）完成了《本草纲目》的编写工作，先后历时27年。

暖心小语

大凡最终达到成功彼岸的人，皆因他们在无人问津的寂寞中坚守了自己心中的梦想。

全书约有 190 万字，52 卷，载药 1892 种，新增药物 374 种，载方 10000 多个，附图 1000 多幅，成了我国药物学的空前巨著。其中纠正前人错误甚多，在动植物分类学等许多方面有突出成就，并对其他有关学科（生物学、化学、矿物学、地质学、天文学，等等）也做出不小的贡献。达尔文称赞它是"中国古代的百科全书"。

由此可见，寂寞不是百无聊赖、无所事事，也不是散淡与停滞，更不是所谓的孤独或寂灭。真正的寂寞是一种不凑热闹，不赶时髦，不追风潮的生活境况和生存方式。只有沉得住气的人，才能收获冷静和智慧，不为浮躁世俗所左右，在充足的思考空间中沉淀、积蓄，而后发。

人生不需要急于去发布任何宣言，关键是要诚实而又慷慨地抛洒汗水。特别是在他人对自己尚不理解的情况下，尚能保持住一颗沉稳而平和的心，这便是甘于寂寞的超凡风度。"十年寒窗无人问，一举成名天下知。"这句话正是表现了寂寞与成功的关系。大凡最终达到成功彼岸的人，大都因为他们能够在无人问津的寂寞中坚守着自己心中的梦想。

相比于家喻户晓的名作《围城》，钱钟书先生的《管锥编》似乎并没有引起十分热烈的关注。而更值得我们注意的是，《管锥编》的写作环境正好恰切地反映了钱老为人淡泊、寂寞治学的品格。

《管锥编》是一篇体大思精、享名于世的笔记体学术巨著。在本书中，钱先生对《周易》、《毛诗》、《左传》、《史记》、《太平广记》、《老子》、《列子》、《焦氏易林》、《楚辞》以及全上古三代、秦汉三国六朝文等古代典籍进行了详尽而缜密地考疏，范围由先秦迄于唐前，涉及音韵、训诂、经义、比较文化等多门学科。

而这一巨著，竟是钱钟书在"文革"时被下放到干校期间完成的。从1969~1972年，整整三年的时间里，钱钟书老先生不以物喜，不以己悲，在默默无闻的状态下，一字一字地写成了《管锥编》。

万千个普通人，没有人保证将来一定会成功，而他们的选择是：耐住寂寞。寂寞不是消极厌世，颓唐沮丧，而是对追名逐利、浮躁骄矜的一种睥睨，是对市侩俗气、纸醉金迷的一种鄙视，是在宁静淡泊、耿介拔俗中默默耕耘的一种精神境界。

正因为这样，那些耐得住寂寞的人常有着广阔的心灵世界，有自己理想的绿洲和希冀的花朵，更有一颗赤子之心和乐于奉献的情怀。在寂寞中，他们不但默默耕耘，还凭借良知和理性，严格地塑造、鞭策并完善自我。如此，人生才不会肤浅，其精彩方才体现。

2. 冰雪掩梅梅自香

寂寞，从来就是人们谈论的话题。因为太多的人品尝过它的滋味。所以古往今来，无数文人墨客发过牢骚，斥责寂寞对他们的骚扰，而书写人生的败笔。

人们为何不甘寂寞呢？心无定力是也！拒绝繁华喧闹的诱惑，接受寂寞的洗礼，需要造诣很高的定力。这像极爱吸食鸦片的人，突然叫他戒毒，需要一定的毅力，也需要恒心，没有定力能成吗？

在红尘喧嚣中，我们要想让心灵趋于宁静，让浮华归于沉寂，就要甘于寂寞。寂寞，是思想上的考验，是精神的历程，静中思虑澄澈，见心之真体；闲中气象从容，识心之真机。

人的一生之口，真正五彩绚烂的场面是短暂的，更多时候面对的都是平凡普通的生活。但是，经受得住寂寞的考验，才会有成功时刻的绚烂。

下面，我们不妨来看一堂成功家的演讲课。

这是一场座无虚席的演说，在人们热切、焦急的等待中，全国著名的推销大师上场了，这是他告别职业生涯的演说。只见他指挥着工作人员搭起了一座高大的铁架，铁架上吊着一个巨大的铁球，接下来他又让工作人员将一个大铁锤放在自己面前。

看到这怪异的一幕，人们很惊奇，不知道他要做什么。

这时，推销大师对观众说："请两位身体强壮的人到台上来，用这个大铁锤去敲打那个吊着的铁球，直到把它荡起来。"很快，有两个年轻人上了台，他们用尽全力去敲打那个铁球，累得气喘吁吁，但是铁球纹丝不动。

台下观众的呐喊声渐渐沉寂下去了，他们好像认定这样的敲打是无用的，就等着推销大师来解惑。这时，推销大师拿出一个小锤，对着那个巨大的铁球认真地敲了一下，停顿片刻再敲一下，持续如此。

时间一分一秒地过去，10分钟，20分钟……这样单调的钟声，令人们开始骚动起来，他们希望大师说点什么，用各种方式来发泄自己的不满。但是推销大师好像根本没有听见人们在喊叫什么，仍然一小锤一小锤不停地敲着，

人们开始离去，最后只有少数几个人留了

下来。后来留下的人们也感累了，会场又安静了。又一个20分钟过去了，突然前排的一个人尖叫道："球动了!"

霎时间，人们聚精会冲地看着那个铁球。那个巨大的铁球以很难察觉的幅度摆动着，而推销大师仍在继续敲着。终于，吊球在一锤一锤的敲打中越荡越高，它带动着那个铁架子"哐，哐"作响，在场的每一个人都被震撼了。

一阵阵热烈的掌声爆发出来，推销大师收起小锤说了一句话："你们都想知道我成功的经验，今天我告诉你们——在成功的道路上，要有足够的耐心去忍受寂寞，等待成功的到来，否则你就只能面对失败。"

在这场别致的演讲中，推销大师为我们上了生动的一课。静下心来，隔绝纷繁，承受寂寞的考验，我们的心灵会沉静似浩渺的水域，我们会变得更加沉稳、睿智，进而获得人生珍贵的宁静。

寂寞不是因为懦弱而躲藏，更不是因为害怕而放弃，而是不被喧嚣俗物所污浊的单纯，更是一种不动声色的蓄势。正如猛兽在捕猎之前，都要静悄悄地占据一个有利地形，然后耐心地等待最合适的时机，一蹴而就。

飞舞的蝴蝶是美丽的，那种美丽是因为在厚厚的茧壳中蛹在黑暗与无助的寂寞中默默挣扎，才会为自己迎来了这份自由灿烂的美丽；鲜艳的花朵是美丽的，那是因为泥土中的种子在寂寞的时光中悄然地舒展着生命，等待着温柔的春风与细雨，给了它重生的希望。

翻看那些名人的成功史，我们也会发现"古来圣贤皆寂寞"。试想，如果没有不被重用、被贬流放的寂寞，屈原能完成千古绝唱《离骚》吗？如果没有壮志难酬、避世隐居的寂寞，陶渊明能创造"采菊东篱下，悠然见南山"的静谧吗？

留一段云淡风轻的寂寞，不被喧嚣的俗物所污浊，让人生少些浮躁和媚俗，多些平静和安详，始终保持积极向上的心态，"十年面壁"、"十年磨一剑"、"十年寒窗"最后的结果应该是"大彻大悟"、是"剑一出鞘，谁与争锋"、是"一举成名天下知"。

寂寞让浮华归于沉寂，它是一种远离喧嚣，超凡脱俗的美丽，需要极大的智慧和定力。如果你是男人，就应是一座山，一座甘于寂寞而又伟岸的山。如果你是女人，就立是一条河，一条甘于寂寞而又温柔的河。

冰雪掩梅梅自香，何恐寂寞？终归有会人寻芳而至。而没有底蕴的人，再如何聒噪宣扬，也不会有人问津。

3. 一蓑烟雨任平生

挫折是人生的常态，遭遇挫折不应一味放大痛苦让其充塞心灵，应学会调适心境，坦然面对。

晚年遭受贬谪的苏轼面对人生的挫折，洒脱地吟出："莫听穿林打叶声，何妨吟啸且徐行。竹杖芒鞋轻胜马，谁怕？一蓑烟雨任平生。"正视挫折、淡化苦痛的平和心境，磨炼了苏轼的豪放词风。实际上，苏轼用象征手法写出自己在突如其来的政治风雨面前内心的坦荡与气度的从容。

苏轼，字子瞻，号"东坡居士"，北宋眉州眉山（今四川眉山）人，是宋代著名的文学家、书画家。他与父亲苏洵、弟弟苏辙皆以文学名世，世称

"三苏"，与汉末"三曹"（曹操、曹丕、曹植）齐名；与黄庭坚、米芾、蔡襄被称为最能代表宋代书法成就的书法家，合称为"宋四家"；苏氏四门生为：秦观、黄庭坚、晁补之、张耒。

嘉祐元年（1056），虚岁21的苏轼首次出川赴京，参加朝廷的科举考试。翌年，他参加了礼部的考试，以一篇《刑赏忠厚之至论》获得主考官欧阳修的赏识，高中进士。

嘉祐六年（1061），苏轼应中制科考试，即通常所谓"三年京察"，入第三等，授大理评事、签书凤翔府判官。后逢其父于汴京病故，丁忧扶丧归里。熙宁二年（1069）服满还朝，仍授本职。

苏轼几年不在京城，朝廷里已发生了巨大的变化。神宗即位后，任用王安石开始变法。苏轼的许多师友，包括当初赏识他的恩师欧阳修在内，因在新法的施行上与新任宰相王安石意见不合，被迫离京。朝野旧友凋零，苏轼眼中所见的，已不是他20岁时所见的"平和世界"。

苏轼因在返京的途中见到新法对普通老百姓的损害，故很不同意宰相王安石的做法，认为新法不能便民，便上书反对。这样做的一个结果，便是像他的那些被迫离京的师友一样，不容于朝廷。于是苏轼自求外放，调任杭州通判。

苏轼在杭州待了三年，任满后，被调往密州、徐州、湖州等地，任知州。

这样持续了大概十年，苏轼遇到了生平第一桩祸事。当时有人故意把他的诗句歪曲，大做文章。元丰二年（1079），苏轼到任湖州还不到三个月，就因为作诗讽刺新法，以"文字毁谤君相"的罪名，被捕下狱，史称"乌台诗案"。

苏轼下狱后生死未卜，在等待最后判决的时候，其子苏迈每天去监狱给他送饭。由于父子不能见面，所以早在暗中约好：平时只送蔬菜和肉食，如果有死刑判决的坏消息，就改送鱼，以便心里早做准备。

苏轼坐牢103天，几次濒临被砍头的境地。幸亏北宋在太祖赵匡胤年间即定下不杀言官、士大夫的国策，苏轼才算躲过一劫。

出狱以后，苏轼被降职为黄州团练副使。这个职位相当低微，而此时苏轼经此一狱已变得心灰意懒，在办完公事之后便带领家人开垦荒地，种田帮补生计。"东坡居士"的别号便是他在这时为自己起的。

宋神宗元丰七年（1084），苏轼离开黄州，奉诏赴汝州就任。由于长途跋涉，旅途劳顿，苏轼的幼儿不幸夭折。汝州路途遥远，且路费已尽，再加上丧子之痛，苏轼便上书朝廷，请求暂时不去汝州，先到常州居住，后被批准。当他准备南返常州时，神宗驾崩。

哲宗即位，高太后听政，新党势力倒台，司马光重新被起用为相。苏轼于是以礼部郎中被召还朝。在朝半月，升起居舍人，三个月后，升中书舍人，不久又升翰林学士。在此期间，苏轼处在人生的顺境之中，但依然坚持他的淡泊。"人在玉堂深处"时，却怀念黄州东坡雪堂"手种堂前桃李，无限绿阴青子"；他还告诫自己说："居士，居士，莫忘小桥流水。"元祐六年（1091）三月，自杭州知州入为翰林学士承旨时作《八声甘州·寄参寥子》词，偏要表白自己："谁似东坡老，白首忘机。"苏轼这种在顺境中淡泊自守的品格难能可贵。

当苏轼看到旧党势力拼命压制王安石集团的人物及尽废新法后，认为其与所谓"王党"不过一丘之貉，再次向皇帝提出谏议。

苏轼至此是既不能容于新党，又不能见谅于旧党，因而再度自求外调。他以龙图阁学士的身份，再次到阔别了16年的杭州当太守。苏轼在杭州进行了一项重大的水利建设，疏浚西湖，用挖出的泥在西湖旁边筑了一道堤坝，这就是著名的"苏堤"。

苏轼在杭州过得很惬意，自比唐代的白居易。但元祐六年（1091），他又被召回朝。但不久又因为政见不合，被外放颍州。

元祐八年（1093）新党再度执政，他以"讥刺先朝"罪名，被贬为惠州安置、再贬为儋州（今海南省儋州市）别驾、昌化军安置。徽宗即位，调廉州安置、舒州团练副使、永州安置。元符三年（1100）大赦，复任朝奉郎，北归途中，卒于常州，谥号文忠，享年66岁。

的确，苏轼的一生曾有人用"霉"字以蔽之。对于苏轼这样一个做过大官的文学天才，而且在北宋无人不知无人不晓，一贬再贬的仕途怎一个霉字了得。但苏轼之所以是苏轼，不仅在于他有"大江东去浪淘尽"的豪放，更重要的还在于他有"一蓑烟雨任平生"的洒脱。官贬便贬了，写出来的词极少有幽怨之作，依然是那么的豪气冲天，对待生活还是那么积极，这也看出他人生境界的高远。

4. 独钓一江秋

人类的卓越成就离不开孤独和寂寞的淬炼。即使是平凡的你，只要能够耐得住寂寞，在寂寞中不断地奋斗，终有一天，你也会发出属于自己的光。

因为出生时恰逢八年抗战胜利之时，所以父亲就给他取名凌解放，谐音"临解放"，寓意期盼全国能够早日解放。果然，没几年全国就迎来了期盼已久的解放。全国是解放了，可是凌解放的父亲和老师们却伤透了脑筋。凌解放贪玩不爱学习，成绩太差，从小学到中学不断留级，一直到他 21 岁大龄的时候才勉强高中毕业。

高中毕业后凌解放参军入伍，成为一名支援国家建设的工程兵，驻守在山西。那个时候，他的工作就是头上戴着矿工帽，脚上穿着长筒水靴，腰里再系一根绳子，每天下到数百米深的井下去挖煤。凌解放每天在矿井里摸爬滚打，抬头不见天日，每天只能和老鼠做伴，他忽然感到一种前所未有的悲凉。

他不甘心就这样稀里糊涂过一辈子，每天浑浑噩噩。于是在每次收工后，他就一头扎进了团部图书馆学习文化。刚开始也不知道怎么学，他就一本一本地仔细阅读，就连晦涩难懂的大词典《辞海》都从头到尾啃了一遍。其实，关于自己将来想做什么，要做什么，他自己也不明白，他只是明白如果自己现在不努力学习，将来一定会后悔。只要自己肯下功夫，努力学习就一定可以为自己找到一条成功的道路，改变自己的一生，否则这辈子难有出头之日。

就是靠着这样的毅力，他独自一人度过了无数个不眠之夜，硬是坚持了下来。看的书多了之后，他发现自己十分喜欢与古文有关的文献和书籍，于是他就想方设法为自己找一些这方面的书籍阅读。

有一次，他无意间发现在部队驻地附近有很多古老的残碑，上面有很多文字。于是，他就利用休息时间，把篆刻在残碑上的古文全部抄写下来，然后带回去潜心钻研。要知道，这些残碑上篆刻的文字既无标点符号，也没有注释，而且在书本上没有任何记载，要想理解其含义，必须全凭他自己下苦功夫细琢磨才行。就这样，利用仅有的几本词典，他硬是将所有石碑上篆刻的古文全部都吃透了，在不知不觉中打下了扎实的古文学基础，即使像《古文观止》一类的深奥的古文献，他读起来也已经十分轻松。等他从部队里退伍时，他已经将团部图书馆的书全部读完了，这种学习为他日后的文学事业打下了坚实基础。

转业到地方后，他没有懈怠，依然坚持在部队时的刻苦好学，特别是对古文献的阅读面开始不断扩展。由于他对《红楼梦》有很深的研究，而且见解独到，古文学功底深厚，因此被吸收为全国红学会会员。1982 年，他曾受邀参加了一次"红学"研讨会，加强交流。在研讨会上，各地的红学专家们从《红楼梦》谈到作者曹雪芹，又谈到曹雪芹的祖父曹寅，进而再聊到康熙皇帝的生平事迹。这时有很多红学专家感叹，在国内还没有一本专门详细介绍康熙皇帝生平的文学作品，实在是太遗憾了。这时，凌解放的脑海中突然间冒出"既然还没有人写，那我就写一本吧"

暖心小语

当这段寂寞、孤独的时光走过，吹去尘埃，金子总会发出耀眼的光芒。

的念头。

因为有着在部队自学时所打下的扎实的古文功底，所以在阅读关于康熙皇帝第一手史学资料时，他没费吹灰之力。经过几年的研究和不间断地努力写作，在 1986 年，凌解放以"二月河"的笔名出版了自己的第一部长篇小说——《康熙大帝》。从此，他心中的创作热情被彻底激发，就如同是迎春解冻的二月河，将他的人生谱写成一条激情澎湃、奔流不息的河流。

在人生的低谷中，保持一份孤独和寂寞就是在默默地为自己存储力量，在渊的潜龙必定是孤独寂寞的，只有这样才能渐渐地壮大自己。低谷中的寂寞是一种坚持、一种信念、一种暗藏的蓬勃向上的潜力。

不被理解是每个时代的天才所共有的命运，就像蝴蝶蛹总是被虫蚁嘲笑一样。但是没有必要为此而悲伤失望，更无须反驳辩解，因为时间会证明一切，当这段寂寞孤独的时光走过，吹去尘埃，金子总会发出耀眼的光芒。

惠特曼被喻为美国最伟大的田园诗人，他的第一本诗集《草叶集》在世界各地都有译本，畅销不衰。但在最初时，却没一个出版商愿意发行这本书。

1854 年，惠特曼从事新闻记者工作，并兼职在印刷厂上班。当《草叶集》完成时，他询问了许多的出版商，但他们都表示毫无兴趣。他只好请求印刷界的朋友帮助，好不容易才出版了薄薄的一本小书。

没有人对这本好不容易出版的《草叶集》感兴趣，赠送出去的数量远远大于销售的数量，惠特曼甚至有些夸张地说："一本也没有卖出去。"还有一位文学编年史家把这本书的销售状况描述为美国文学史上最大的失败，可想而知其凄惨情形。

不单是销售失败，一些文学评论家对《草叶集》的负面评论也很多。但是，这些挫折与打击都没有击倒惠特曼，他仍坚守着热爱自由、赞美大自然的本性。他的这些不妥协的作品，慢慢成为文学精英人士谈论的话题，也使得初版时赠阅出去的《草叶集》不断流传。

1860 年，波士顿一家出版社写信给惠特曼，希望出版他的诗集，因此，增加了许多新作的《草叶集》出版了。这次的销售情况比以前好多了，几年后各种不同版本的《草叶集》被不断地出版发行，销售也越来越好，人们逐渐理解了惠特曼在诗中所要表达的情感，越来越多的人开始喜欢惠特曼的诗。

由此我们明白，要永远对自己抱有信心，并且不因别人的曲解和非难而改变自己的初衷，坚持自己的梦想，并努力把它变成现实。自己始终信任自己，接纳自己，最终别人也一定会接纳你，欣赏你。是金子，无论它沦落到泥土里有多久，它迟早会被发现，并最终闪闪发出光来的。

在未被理解之时，我们要学会忍耐，要不断地鼓励自己，别太在意别人的嘲笑，要能够抵抗挫折，不轻易承认失败。在困难的时候努力再挺一挺，再坚持一下……

5. 寂寞在左 幸福在右

　　"人生如戏"不是毫无来由的比喻，而是无法否认的现实。滚滚人流之中，我们所见到的一张张或喜或怒或哀或乐的脸，未必是心灵感受的真诚流露。生活的大部分内容都是处在表演之中，用谦虚来表演着对别人的恭维，用热情表演着性格随和，用诗词文章表演着品位的优雅，与人相处的时候，我们刻意地去掩饰着内心的真情实感，久而久之，灵魂就会虚脱，自己真正的思想就会跑得无影无踪。与人共处是一门"取悦"的学问，哪怕是和最知心的朋友在一起，也无法摆脱表演的外衣。因为，我们十分珍惜那份来之不易的友谊和感情，绝不愿意因为一时的任性而带来双方的不愉快，因此不得不怀着善良的愿望，小心翼翼地取悦着对方。在这个时候，能够独处，就会成为十分难得的幸福。

　　寂寞的时候绝对不是无聊的，寂寞有着本身真实的趣味。独处的时候，生命就会返璞归真，没有丝毫的矫揉造作。一个人独处一室，可以随心所欲，让灵魂得到解放和超脱。从来没有一个人会在独处时乔装打扮，绝不会拿着衣冠楚楚、道貌岸然之类的东西进行自我欺骗，不用再去考虑别人的感受，获得虚假的欢笑，更不会刻意地表演来显示生活的品位。寂寞是属于一个人的，寂寞的时间和空间也是属于一个人的。明智的人不会在寂寞的时候百无聊赖地寻求消遣。而是能满怀喜悦地经营幸福的空间。

有一位建筑设计行业的专家，一生设计出了许多优秀的作品，在建筑界中获得了很高的威望。在过完70岁寿辰之后，他向外面宣布说："我已经老了，没有力气再去做设计工作，过一段时间就退休。"许多建筑商听到这个消息后纷纷登门拜访，高价赊买他封笔之前的设计图。

这些封笔之作和他往日的风格大不相同。他想突破传统的楼宇设计形式，打破传统，力求在住户之间开辟一条自由交流和交往的通道，目的是让邻里之间不再视同路人，能够突破障碍，享受社区大家庭的亲切与温馨。

一位思想前卫的房地产商人十分赞同和支持他的设计理念，花大价钱请他设计，认为一定能够取得平地惊雷、不同凡响的效果。大师的设计出炉之后，房地产商人在宣传上下了很大的功夫，花重金在报纸和电视台上为这一新型设计做广告，希望能够得到人们的关注。可惜，人们不为轰轰烈烈的广告所动，没有人来购买这样的新户型，市场反应非常冷清，楼盘的交易额创下了该公司有史以来的最低点，整个城市的楼市因为这样的设计风格而处于低迷的状态。这让开发商和设计者感到很惊讶，百思不得其解。

情急之下的房地产商人，让信息部门去做市场调查，寻找原因所在。调查的结果更是让他们感到吃惊。受调查的人们认为，这样的设计给人的感觉是耳目一新的，有着其他建筑所没有的清爽，但是这样一来，随着邻里之间交往的增多，每个人都生活在类似于公共场合的环境之下，个人空间变得越来越小，心情上得不到放松，在外面累了一天回到家里还要继续延续白天的强颜欢笑，家就失去了休息的内涵与意义……

设计家听说之后，心痛不已，原以为功德圆满的收场，没想到却落了个如此狼狈的结局，他退还了所有的设计费用，在秋风瑟瑟中打点行装回老家隐居了。他对别人感慨地说："我只识图纸不识人，这是我一生中最大的败笔。我们可以拆除隔断空间的砖墙，而谁又能拆除人与人之间坚厚的心墙？"这位德高望重的艺术家到现在也没有明白，人和人之间需要的不仅仅是一团和气的温馨，每个人更需要一片真正属于自己的天地。

寂寞的人，一切都会还原真实，真实是最高贵的高贵，最美丽的美丽。寂寞，是让身心得到休息的最好场所，是灵魂升华的最佳时机。生命中没有了属于自己的空间，人就会变得像一台没有生命的机器。

6. 风雨来临时，微笑应对

生活不可能事事如意，有时难免会有烦恼，也许是工作上的，也许是生活上的。如何应对烦恼才能让我们幸福一些，就成为了我们需要考虑的问题。其实答案很简单，我们可以选择笑一笑，因为烦恼没有什么大不了，和曾经经历的大风大浪相比，烦恼只是微不足道的小事。

因为一些烦恼而抱怨，只能让自己变得更加烦躁，通常情况下，烦恼并不足以影响我们幸福的生活，所以不妨乐观一点，一笑而过，这样烦恼就能很快被我们遗忘。我们可以将烦恼看作是生活的一味调剂，在我们感到麻木、疲惫的时候，烦恼可以提醒我们不要忘了生活当中的幸福。

美国前总统罗斯福有着权力和地位，在人们的眼中他是人生的赢家，然而即使是这样的他，生活也并非事事如意。

曾经有一次罗斯福家失窃，丢失了很多贵重的物品。照常理来看，他至少应该烦恼抱怨一阵子，毕竟无缘无故蒙受了不小的损失。然而事实却让所有人大吃一惊。

罗斯福的朋友在知道情况后想要安慰他，希望他不要在意这些而影响到身体的健康。收到朋友的安慰后，罗斯福给朋友回了一封信。

信中没有任何抱怨的话，罗斯福显得非常从容，就像事情没有发生一般。罗斯福在信中提到，他很感谢朋友，他很好，也很幸福。虽然失窃了，但是好在他们家人身体健康，贼只是窃取了他们的财富，没有危及他们的生命安全。虽然贼偷走的东西有很多，但那并不是他财产的全部。最重要的是，做贼的是那个人而不是自己。

罗斯福明白丢了的东西无法找回，所以干脆不去想这些让人烦恼的事。在遇到让我们烦恼的事情的时候，我们应该想办法为自己消除烦恼，而不是通过抱怨让它日益膨胀起来。任何事情都有两面性，我们可以选择乐观的视角来看待，笑一笑就能过去，无须为了一点烦恼而给自己的幸福平添瑕疵。

有句话说得好，幸福的人同样幸福，不幸的人各有各的烦恼。虽然出现的问题不同，解决的办法也不同，但是在烦恼面前我们能够拿出相同的态度，不管是怎样的烦恼，我们都选

暖心小语

只有学会了笑对烦恼，才能做到笑对人生。

择乐观面对，不去抱怨才能让我们脱离烦恼的苦海，才能让我们不至于被一时的烦恼扰乱了步调。

烦恼，没有什么大不了，生病了，但至少能够医治，比起已经无法挽救的人来说，我们还有着希望和未来。失恋了，但至少我们爱着的人还活着，我们还有走向下一段幸福的机会。

没有过不去的坎，只有不愿过去的人。在遇到烦恼的时候，笑一笑，抚平自己的内心和情绪，才能脱离烦恼的掌控。只有学会了笑对烦恼，才能做到笑对人生。

7. 借宽容之手，暖一束花开

曾有名人说过，人们的胸怀比大海更加宽广。心胸可以无限拓展，一个有着宽广胸怀的人，必定能够包容一切。相反，如果一个人喜欢抱怨，那么一定连琐碎小事都会在意，这样的人，心胸必定狭隘。容不下，也就谈不上拥有，一切也只能成为虚无，只有容得下，才能样样皆有。

在生活当中，我们可能会遇到志同道合的朋友，同样也会遇到和自己有过节的人。通常情况下，我们会选择报复或是躲避和我们有过节的人，结果往往躲之不及。其实，敌人未必就是永远的敌人，我们还可以有一个选择，就是包容敌人，变敌为友。

在春秋时期，公子纠和公子小白曾为了争夺王位而站在对立的位置。管仲和鲍叔牙虽然都是有才之士，但政治立场不同，各事其主。管仲在公子纠旗下，而鲍叔牙则在公子小白的阵营之中。

在双方交战的时候，管仲险些要了公子小白的性命，所幸只是射中了小白衣带上面的钩子，小白幸免于难。不久之后，战争结束，公子小白获胜，成为了历史上有名的齐桓公。

公子小白即位后，鲍叔牙因为辅佐有功，小白有意立他为相国。然而鲍叔牙认为曾经和他们敌对的管仲比自己更适合做相国，虽然曾经是敌人，却是一个可用之才。想到国家社稷，鲍叔牙力荐管仲。

鲍叔牙心胸宽广，如实对齐桓公说："虽然我辅佐您登基，但是管仲比我更适合担任相国这个重要的职位。因为他在很多方面都比我强。他能够收拢民心，做到安民，我做不到。他对治理国家也比我有见地，能够保证国家的利益。他能够制作礼仪，我做不来，战争的时候，他能够鼓励引导人们，而且还能指挥战争，我也不如他。所以他比我更适合做相国。"

齐桓公也是一位心胸宽广之人，考虑过后他觉得鲍叔牙说得有道理，便让管仲做了相国，完全不去计较曾经的一箭之仇。有感于齐桓公和鲍叔牙的爱才，管仲也尽心尽力辅佐，最终助齐桓公成就伟业，使得当时齐国的实力强盛一时。

知人善任，成就了齐桓公的伟业。知人善任只是一个方面，更重要的是，齐桓公有着宽广的胸怀，所以才能成为有着丰功伟绩的明君。四处树敌，只能让自己的朋友越来越少；

暖心小语

宽容是一种能力，如果我们有着海纳百川的胸怀，那么幸福就会驻进我们的内心。

广结良缘，才能让自己的世界越来越大。学会宽容，才能成就我们的人生。

宽容是一种能力，如果我们有着海纳百川的胸怀，那么烦恼也好，忧愁也好，什么都不会成为我们的阻碍，而幸福、美好也会进入我们的心中。反之，如果什么都容不下，那么最终将一无所有。

战国时期魏国大将庞涓，是一个战功显赫的将军，曾经率领魏军北拔邯郸，西围定阳，甚至险些将赵国的一部分领土也收归魏国，除此之外，他还收复了全部的失地。

庞涓的实力非常强，但他有一个致命的弱点，就是他的心胸非常狭隘，容不得其他有才能的人。即使是曾经的同窗，他也一样不能容忍。他梦想成为历史上继吴起之后的第二个优秀军事家，为此，他不惜残害同窗孙膑。

庞涓虽然身为大将，却容不得其他有才之士，难以成大事。孙膑加入了与庞涓敌对的势力，最终庞涓败于孙膑之手。魏国的霸权也随着他的消逝而陨落，曾经的一切辉煌都湮没在历史的车轮之下。

孙膑是有才之士，如果庞涓有着宽广的胸怀，懂得招贤纳士，那么历史也许会被改写。没有人能够靠自己战胜一切，宽容才能为自己赢得他人的信赖，想要立于不败之地，就要把握足够的砝码，只有容得下一切，才能收获一切。用宽广的胸怀去接受，用平和的心态去容忍，自然能够将一切收归自己。

8. 坚守心灵的宁静

　　我们有时因为太过要求完美，以致在小事、细节上花费了大量的精力，觉得辛苦，产生忧虑。只要我们分清事情的轻重缓急，不再纠缠那些无谓的小事，那么我们就能从忧虑中脱离出来。

　　大事还是小事通常以我们的重视程度为标准来进行区分。有时我们难以客观判断，抓不住事情的主体，就只能在细节小事上打转，进而耽误了其他重要的事情。我们的精力是有限的，难以做到面面俱到，在一件事情上花费了太多的精力，就难以再在其他事情上花费过多精力，可能事情的结果就会和自己所期待的产生偏差。

　　现代的生活节奏越来越快，人们也变得越来越忙碌。我们要想抓住幸福，就要学会抓住重点，只着眼于一些鸡毛蒜皮的小事，因为这些而抱怨的话，只能让自己远离幸福。

　　有一名年轻人，他每天都忙得焦头烂额，生活对于他来说痛苦远远大于乐趣。他每天都会有很多烦恼，并且为这些事情忧虑不已。

　　在早上上班的时候，坐公交车的年轻人总会异常小心自己的鞋子不要被踩到，没有座位的时候就站在座位边上时刻注意着那个人哪一站会下车，当那个人有下车意向的时候，他就开始忧虑，因为担心别人会抢走这个自己已经守了很久的座位。

到达公司工作的时候，年轻人也总是过度注意领导的言行，他总觉得领导的每一句话都有着领导的意思，即使领导随便开句玩笑，也会让他思考揣摩好久。约客户见面的时候他又会一直看表，因为他怕客户不来，怕失去客户。每当客户迟到的时候，就看到他在那里皱着眉头看表，一副坐立不安的样子。

结果呢？即使年轻人小心翼翼，但是很多不快还是找上了他。在坐公交车的时候，因为过于注意自己的鞋子不被踩到，被小偷钻了空子，偷了钱包；因为注意抢座位，不小心撞倒了要下车的老人；在公司因为过于关注领导的脸色，使得工作进展不顺利，最终离开了他的工作岗位；等客户的时候因为不停看表让客户误会他等得不耐烦，觉得他不懂礼貌，合作也告吹了。

因为过于在意无谓的小事，所以使得结果很糟糕。为什么要因为那些无谓的小事而焦躁不已呢？忧虑对自己的伤害有很多，我们完全没必要为了一点点小事而纠缠不休、忧虑不已。

生活是忙碌的，我们做不到马不停蹄地赶路，更没有精力去应对所有的问题，不要太过纠结一句话，一点琐碎，平和一点，给自己一点空间，让自己能够有时间去享受生活，有机会感悟人生。

9. 空谷寂寞的野百合，也会迎来春天

很多时候，我们都忘记了去缅怀人生路上的一些遗憾，沧海桑田，许多人已经变得世故麻木，忘记了曾经拥有过却不曾珍惜过的往事。想起那部让人又笑又哭的《大话西游》，希望那滴珍藏在你心中已经很久的眼泪会在某一个瞬间里涌出来，我们麻木的心或许从此会多了那么一份对人生的感悟。

张小娴说过："我以为爱情可以克服一切，谁知道她有时毫无力量。我以为爱情可以填满人生的遗憾，然而，制造更多遗憾的，却偏偏是爱情。阴晴圆缺，在一段爱情中不断重演。换一个人，都不会天色常蓝。"

17 岁，情窦初开的年纪，也是充满无限憧憬与期待的年纪。17 岁那年的雨季，他被家里安排到一个边远的省份上高中，不过，他待在那里的时间也不过只有一年。

边远的小城孤寂而又荒凉，让他产生了与世隔绝的感觉。和偌大的北京城相比，这里的一切自然显得很土气，甚至连人们说话的口音都那么难听，举止又粗鲁。可他从来没有察觉，他清秀的外表和标准的普通话从他报到的那天起，就一直吸引着一个女孩。

女孩是当地人，脸色黑里透着红，健康而又美丽，常常带着羞涩的笑容。每次她见到他时，总是低着头，飞快地避开他的目光。他很得意地拥有着女

孩这样青涩的喜欢——年少的虚荣心啊。

他学习比她好，况且来自北京，他把高考的目标定为了北大。不论是从哪方面来看，他都不会把这样一个平凡的女孩子放在眼里。

一天，他闻到书桌有淡淡的香气散发出来。他急忙打开书桌一看，发现语文书里夹着一朵花。他不清楚花的名字，只是看到它是白色的，散发着淡淡的清香。想了一会儿，他才明白过来这花是谁送的。

再见到她时，他拦住了她。她的心一下子跳到了嗓子眼儿，甚至连呼吸都屏住了。他得意地看着她，居高临下地问她道："能告诉我你送的那是什么花吗？"

"野百合。"她低着头，紧张又害羞地摆弄着衣角。

"对不起，请你以后不要送我这种花了，因为我不喜欢。"说完他头也不回地走掉了。

站在原地的她泪如雨下。她没有要求他做什么，她只是想在这如花的季节里，和他一起度过高考来临的那段时光。

高考很快就结束了，他没有考上北大，最终还是回了北京，而她则名落孙山。

从那以后，他再也没有听到过她的任何消息，他也没有往心里去过。她在他心中原本就只是一丝涟漪，风停了，涟漪也就散了。那朵他从没正眼看过的野百合，应该早就在家乡结婚生子了吧。

数年以后，他来到一家合资企业应聘，却蓦然发现，她在台上笑靥如花，美丽得如同一只天鹅。他一开始以为是长相相似的人，看到

暖心小语

珍惜眼前拥有的日子，等到某一天回忆起来，也会发现一片美丽的春天。

名字后，才发现果然是她。她面前的牌子上面写着：人力资源部经理。

他惊呆了，她，一个没有上过大学的平庸女孩怎么会来北京，而且做到了大公司的高层管理人员呢？

她也看到了他，招聘会结束时，他再次拦住她问："真的是你吗？"

她笑得像一朵百合，云淡风轻地说："自从认识你以后，我才明白一件事，一朵花要找到属于自己的春天才能被别人注意到。那年高考结束后，我选择了复读，然后考上了北京的一所大学，直到念完研究生。"

他心里顿时生出了或多或少的悔意，但是一切已经回不到从前。俗话说得好：三十年河东，三十年河西。她不再是那个等待他定夺的黑黑傻傻的小女孩了，而是他等待她定夺的一个美丽女主管。

野百合也有春天，只可惜有人错过了。世上没有买后悔药的地方，也少有第二次选择的机会。珍惜眼前拥有的日子，等到某一天回忆起来，也会发现一片美丽的春天。

10. 耐住严寒，梅花更芬芳

春秋时期，吴国打败越国，越王勾践看到吴国强大，自己不是对手，决心发愤图强，有朝一日洗刷战败的耻辱。

勾践首先向吴王夫差投降，表示自己愿意成为夫差的奴仆，得到夫差的信任后，勾践回到越国，每天睡在干草上，还把一个苦胆挂在房内，每天都要舔上一舔，提醒自己说："你难道忘记亡国的耻辱了吗？"勾践励精图治，十年之后，终于使越国强大起来，打败了吴国。

越王勾践用十年的时间励精图治，洗刷了战败耻辱。如果勾践在夫差打败他的时候拼死力争，只能成就一时的英勇之名，却不能真正保护自己的国家；如果他从此卑躬屈膝一直当夫差的俘虏，也不过是个有仇不报的弱者。越王勾践知道，忍辱偷生地活下去，虽然会遭受他人的嘲笑，必然要忍受艰辛，但却是唯一一条通向成功的勇者之路。勾践的故事激励了不知多少后人，让他们懂得没有天生的成功者，只有坚忍不拔的努力者。

纵观我们国家的历史，真正的勇敢者都是那些能够忍耐又善于忍耐的人，那些没有忍耐力的人走不长久。同样是战败，汉朝时的项羽却选择了完全不同的道路。项羽在垓下中了伏击，逃到乌江，有船夫想要载他渡河，回到故乡江东再图大事，项羽却说他无颜面对父老乡亲，拒绝了船夫的帮助，横剑自刎。唐朝诗人杜牧不禁为项羽叹息："胜败兵家事不期，包羞忍耻是男儿。江东子弟多才俊，卷土重来未可知。"对比勾践和项羽，可以看到真正的勇敢不是一时意气，放弃长远的打算做出冲动行为，而是深思熟虑，忍他人所不能忍，最后一举成功。

中国文字里有很多会意字，"忍"字就是其中之一，心字头上一把刀，正是"忍"的真意。不得不承认，忍耐是一种痛苦，人们需要忍下的不只是他人的目光，更重要的是自己的羞耻感，在双重压力下，要保持对未来的信念不是件容易的事，至少不是件快乐的事。但与此同时，忍耐也是一种战胜痛苦的方法，因为忍耐是为了成功，只有成功才能真正将痛苦根除，所以人们说，真正做大事的人都善于忍耐，不懂忍耐的人做不了真正的大事。

战场上，一位将军正在召开军事会议，商议接下来的行军计划。经过几次大战，将军的军队只能偶尔遇到小股败逃的敌军，所有人都认为胜利在望。副将和谋士们都说，敌人已经到了强弩之末，只要追击，就能直捣敌军老巢。

将军却说："在战场上，轻敌的一方就会惨败。现在敌方看起来在溃逃，但我们其实一直没有遇到他们的主力部队，溃逃也许是一种假象，敌人早已做好埋伏，他们假装失败，为了吸引我们的大部队追击。依我看，我们必须慎重。"

任凭副将们一再要求出战，谋士们不停劝说，将军咬定："不要急，狐狸总会露出尾巴。"僵持了一天，敌人果然忍耐不住，带着大部队来袭，将军以逸待劳，将敌方一举歼灭。

在战场上，胜利的关键在于主帅的判断，在于主帅能否料敌先机。多数人贪功冒进，看到敌人露出败象，就想带兵上前一举击溃敌军，而故事中的将军却建议大家不要心急，没有贸然出击，最后，敌军求胜心切带着大军前来，遭到迎头痛击，落得惨败。

忍耐和相时而动都是常胜将军的秘诀，战国时期，秦国大将白起就利用这种心理，在长平打败了赵国的赵括以及他手下的 45 万大军，让赵国从此一蹶不振，再也不能与秦国争雄。由此可见，忍耐不是勇者的专利，智者同样要善于戒急用忍。特别是在决定成败的时刻，忍耐就是一种智慧，多一份沉着就多一份胜算，善于忍耐的人才能笑到最后。

宝剑锋从磨砺出，梅花香自苦寒来。忍耐是对个人心性的一种修炼，一个人在童年时期，心态就像水，可能平静，也可能激烈，优秀的人会吸纳各种细小的水流，最后成为大河，奔入大海，平庸的人则会停滞不前，渐渐成为一潭死水，没有活力。那么究竟什么才是促使生命之水前进的动力？答案是忍耐，当面对一座座高山，只有善于忍耐迂回，才能百折不挠，找到突破口——所有成功都需要漫长的努力和忍耐。

第十章
一季绿肥红瘦，一心云淡风轻

无论经历怎样的风雨，总会找到属于自己的明媚风景，
桃红柳新，相约春天；无论走过怎样的沉浮，总会有一条
路，于峰回路转中，柳暗花明。

1. 此心安处，便是幸福

有的时候，人们难免会在消极情绪中迷失。一时的情绪很有可能影响到
人们的思维和理性，最终沉溺其中难以自拔，心灵往往就在这些消极情绪中
迷失了。于是，我们伤心、愤怒，以至于找不到心灵的路标，感到疲惫不堪，
无所适从。其实，一切皆因我们不能将心放宽。

有一条美丽的小鱼，在它很小的时候就被渔人捕到了。渔人看它长得很
可爱，便当作生日礼物送给了邻居女孩。小女孩从此有了玩伴，她小心翼翼
地把小鱼放在一个精致的鱼缸里养起来，整天与小鱼朝夕相处。然而，小鱼
并不快乐，因为这个鱼缸太小了，游来游去就会碰到鱼缸的内壁，这时小鱼

就会十分不悦地甩一甩尾巴躲开了。

小鱼越长越大，变得越来越漂亮，小女孩就更喜欢它了，可是这个鱼缸对它来说就显得太小了，甚至连转个身都很困难。小鱼就更加烦闷了，甚至连动一下身子都不愿意。小女孩似乎看出了小鱼的心事，有一天，将它从水里捞出来，放到了一个更大的水缸里。

小鱼终于能游动身体了，可没过几天，它发现自己仍然游不了几下就能碰到内壁。当它碰到内壁的时候，又会心情不爽。它实在讨厌极了这种转圈圈的生活，索性悬浮在水中，一动不动，也不进食，一心求死。

女孩看到小鱼这个样子心里非常着急，便把它放回了大海。它在海中不停地游着，可心中依然快乐不起来。一天，它游着游着碰到了另外一条鱼，那条鱼问它："你看起来闷闷不乐的样子，难道在这无边无际的大海里生活不够自由吗？"它叹了口气说："唉！这个鱼缸太大了，我怎么也游不到边上了！"

就像在鱼缸里待久了的小鱼一样，它的心变得跟鱼缸一样小，因此不敢有所突破。等到有一天，到了更为广阔的空间，已变得狭小的心反倒无所适从了。其实，心有多大，世界就有多大，如果不能打碎心中的壁垒，即使身在海洋，你也找不到自由的感觉。

暖心小语

心有多大，世界就有多大。如果打不破心的壁垒，即使身在海洋，也找不到自由的感觉。

苏轼的友人在家里养着一名歌女。这歌女不但能歌善舞，面容姣好，而且还十分善于应对。这年，苏轼的友人一家因为迁官要去岭南，歌女也便跟随去了。几年之后，友人迁回故乡，她也便跟了回来。

一次，苏轼拜访友人见到她便问："岭南的风土应该很不好，姑娘跟着受了不少委屈吧！"不料她却莞尔一笑，答道："此心安处，便是吾乡。"苏轼听了，心里大有所感，随即填了一首词，这词的后半阕是："万里归来颜愈少，微笑，笑时犹带岭梅香。试问岭南应不好？却道：此心安处是吾乡。"

　　在苏轼看来，荒凉偏远的岭南不是一个好地方，这位歌女却能把它当成故乡，安然处之，不气愤，不懊恼，不埋怨。大概也正是因为这个原因，从寒苦地方回来的她看上去似乎比以前更加年轻了。笑容也像是带着岭南梅花的馨香一样，这便是随遇而安，为迷失的心灵找到了一个落脚的地方。

　　心灵需要一个港湾，需要一个家，唯有心平如水，才能够帮自己的心灵寻找一个港湾。每个人都有自己的价值，如果太在意那些外在因素，往往就看不清眼前的一切，包括自己的价值。如果能够让心态平和一些，找到自己的价值，才能为自己创造出一片属于自己的天地，才能让迷失的心灵找到归途。

　　现实生活中，有的时候人们会自寻烦恼，常常无法面对自己不能胜任的事情或是自己的弱点、缺陷，并为此沉浸在消极颓废的情绪中。殊不知，这样一来，往往也就忽略了自己本身的优点。心情也是一样，如果总把眼睛盯在那些消极和不完满的方面，那么你就永远无法快乐起来，这并不是因为没有能让你快乐的东西，而是你把快乐忽略了。

　　每个人都有喜怒哀乐，有时会开心，有时会愤怒，这些都是正常的现象，但是如果一味沉浸在情绪中不能自拔的话，就会扰乱自己的心，心不平，就难以自制，也就迷失了方向。

日常生活中，我们不妨学会调整自己的情绪，要想做到不生气，就要有平和的心态；若想培养平和的心态，那么就要放宽自己的心胸。心里豁达了，自然就平和了，也就能够让迷失的心早日回家。

2. 山有山的巍峨，水有水的灵动

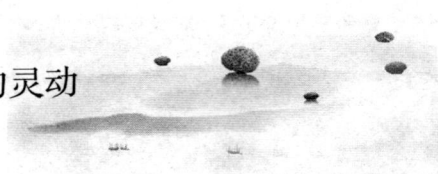

人们对于攀比似乎总是乐此不疲，对于不如自己的人，倒是可以慷慨地拿出同情心和爱心，但是对于比自己强的人，却不能平和以待，就会出现妒忌、愤怒等各种消极的情绪。

其实，别人是好是坏对自己并不会造成任何影响，常言说得好，走自己的路任他人评说。人生就像一场马拉松比赛，在行进的途中，难免会有比自己走得快的，也难免有比自己走得慢的，如果你刻意去关注他人的进度，只会放慢自己的脚步。

很多时候，我们之所以感到生气、烦闷、不幸福，往往是因为眼中只盯着他人过得如何的好。其实，每个人都有自己的辛酸和苦楚，别人风光的背后说不定隐藏着常人难以想象的艰难呢？而我们又何必盯住不放，乱了自己的步调呢？

有这样一个笑话，问如果可以重新过活，你愿意选择什么动物？

猪说：“如果有来生，我愿做一头牛，虽然每天辛苦劳作，起早贪黑，但是却能获得勤劳的美名，而猪却被人们认为是愚蠢的象征。虽然我们不用劳动，但是每天担惊受怕，生怕哪一天就被送到屠刀下。"

牛说："如果重新过活，我选择做一头猪，我们每天都累死累活地工作，才能换得食物，而猪每天只需要吃了睡，睡了吃。"

猫说："有来生，我做老鼠，虽然主人供养我们，但是如果没能逮到老鼠，也会面临着被遗弃的危机，如果我们偷吃了东西，就会被教训。哪有老鼠那样自由自在？"

老鼠却说："重新活，我就做猫，每天游戏一般欺负老鼠，有主人供养，哪里像我这样，为了一口吃的都要冒着死的危险。"

轮到了万物之首的人，大家都以为人可能会没有那么多的攀比心理，没想到，人的回答一样有意思。

原来，男人愿意做女人，因为可以不用那么辛苦，可以控制男人；而女人则期盼着能够成为男人，这样一来就可以蛮横，可以有至上的权力，还能够驱使女人。

其实换个角度来看，上面故事说明了这样一个道理，即每个人都有着别人羡慕的地方，自己并非是一无是处的。这就是在告诉我们，不能只看到他人的长处，他人强是他人的事，自己还要走自己的路。要想过好自己的生活，就要将心态放得平和一些，这样才能够不过于关注他人的强项，让忌妒、羡慕等令人烦恼的种种，就像是微风吹过一般，并不能在自己的心中引起惊涛骇浪。

过于关注他人的"强"，自然就会在意自己的"弱"，其实你并没有那么弱，这一点，

暖心小语

他人强，又何必自惭形秽，淡然一笑就可以了。

251

只有等你不再在意他人的强时，大概才会领悟了。

从前，有三个女孩，她们志趣相投，非常合得来。她们喜欢一样的衣服，都爱好画画，甚至连喜欢的颜色都相同。就是这样彼此默契的三个女孩，升入高中以后，陷入了友情危机。原来三个姑娘喜欢上了同一个男孩，男孩长得帅气，开朗又阳光，她们都被他迷住了。

于是三人约定，从那时候开始，要尽自己的所能去追求属于自己的幸福，如果有一个女孩成功了，那么另外两个女孩就要祝福。约定达成，她们便开始了各自的努力。

男孩恰巧也喜欢画画，于是她们都准备和男孩考入同一所大学。激烈的竞争开始了，但是竞争似乎只发生在其中两个女孩之间，第三个女孩表现得非常从容，她还像往常一样按照自己的步调进行，不去关注另外两个女孩的举动。另一方面，开始激烈角逐的两个女孩，甚至因为对方穿的裙子让男孩多看一眼，就会在心中产生愤怒甚至是忌妒，然后从中报复……

日子很快过去了，三年后，两名互相竞争的女孩因为没有把心思花在学习上而高考失利，最终目送第三个女孩和心爱的男孩进入同一所大学。而再回头看，两个互相竞争的女孩已经再没有了友谊，从前的美好再也回不去了。

为了追求属于自己的幸福而做出相应的努力，这本身没有错，只不过前两个女孩太在意别人的言行而忽略了自己。第三个女孩就做得很好，她从不去看别人做了什么，只注意自己的步调，所以才能按计划向着目标前行，最终实现了愿望。

其实，世界如此之大，没有一个人绝对优秀，也没有一个人绝对不优秀，他人强，又何必自惭形秽，淡然一笑就可以了，没有必要为了他人的长处而劳心费神去冥思苦想、去忌妒、去愤怒。把时间浪费在他人身上，不如用在自己身上。

他强任他强，按照自己的步调前行未必不能超越他。只要将心态放平和一些，自然就不会被那些不必要的东西挠了心智。心态平和一点，心宽一点，自然就不会太计较其他了。这时，当你遇到任何事情，也都能像清风拂面一般，不会影响自己前行的步伐。

3. 别被愤怒夺走了幸福

人出生便有七宗原罪，饕餮、懒惰、傲慢、色欲、贪婪、妒忌还有愤怒。原来，愤怒也是一种原罪。愤怒不仅仅是情绪上的发泄，更是让人心灵变得丑恶的罪魁祸首。愤怒不但会让人自乱阵脚，更会让人滋生仇恨。

有时候，因为愤怒，一切理智都将燃烧殆尽，人们一旦失去了准确而理性的判断，只会走向危机。反过来说，如果你能够克制住情绪不愤怒，那么就能够保持理性的思维，就会避免一切危机和绝境了。

愤怒有百害而无一利，对改变自己的困境和现状没有任何实质性的帮助，还有可能因为愤怒产生的慌乱而造成不可弥补的错误。我们唯有保持平和的心，不愤怒，才能进行最客观而理性的思考。

春秋时期，郑国的国君郑庄公虽然身为君主，却不被自己的母亲喜欢和看重。原来，她的母亲在生他的时候遇到难产，差一点丢了性命，为此一直认为他是个不祥之人。

　　郑庄公有一个弟弟，叫作共叔段，非常受母亲的宠爱，母亲还试图劝说郑庄公的父亲把王位传给他。最后，虽然她的劝说没能成功，但仍然十分袒护小儿子，想尽办法为小儿子谋取权力和土地，甚至还要求郑庄公把京城一半的土地分给共叔段。对于一个君王来说，怎么能容忍这样无理的要求呢？但郑庄公不但没有一点愤怒，而且还答应了。

　　在许多人看来，他对此应该愤怒，他也有权愤怒，同是母亲的儿子，自己却没有感受过丝毫的母爱，还受到了母亲这样的排斥；他应该愤怒，愤怒自己的母亲帮着弟弟滋生谋反忤逆之心，但是他保住了自己的理智，决定不动声色。然而，他的处处妥协不但没有换来母亲的不忍，反而使她更加张狂地帮助共叔段扩张权力了。

　　当朝臣子有的实在是看不下去了，便劝郑庄公讨伐共叔段，但郑庄公只说了一句话："多行不义必自毙，子姑待之。"原来，郑庄公一直在暗中做着准备，他明白，如果自己公然讨伐弟弟，很可能遭人话柄，认为自己是不仁不义之人，而讨伐自己的弟弟则必定会涉及自己的母亲，这样他又会成为一个不忠不孝之人。所以他要等一个名正言顺的理由。

　　终于在他母亲和弟弟意图谋权篡位的阴谋显现之时，郑庄公一举讨伐，拿下了共叔段。

　　愤怒不能改变任何既定的事实，如果这个

暖心小语

　　心放宽一些，变得平和一些，自然就能解开心结，不被愤怒夺走了幸福。

254

事实让人愤怒，那么就要学会平复心中的愤怒，因为愤怒不能帮你找到任何解决方法。比如，人们常常因为误会而感觉到愤怒，其实只要将心放宽一些，让心变得平和一些，自然就能解开心结，不会因为愤怒而做出错误的行为。

西晋司马炎当朝时期，有一名战功显赫的将军叫石苞。历朝历代，手握兵权的将军都有着非常重要的地位，也非常容易招致君主的怀疑，石苞正处于这样的位置。当时天下大乱，还并未统一，吴国也占有一席之地，经常进犯西晋。石苞作为当朝大将，为了防止吴国进犯，常年驻守边防。

正所谓山高皇帝远，更何况他手握兵权，这就给了小人以可乘之机，那些妒忌石苞的人便开始在他背后污蔑诋毁。其中一人就是王琛，他对司马炎说石苞怀有二心，有谋反的意图。恰逢这时，信奉风水的司马炎听到了一名风水师的预测，说边防之地将有大将谋反，如此一来，他便开始怀疑石苞了。虽然石苞历来是个靠得住的人，但处在君主的位置上，他不得不防。

没多久，司马炎收到了吴国将大举进犯的消息，此时石苞派出的探子也给他带回了同样的信息，于是石苞将全部心思都放在了部署备战上。

没想到这更增加了司马炎的怀疑，因为敌人来犯的消息还不曾传出，而石苞此时部署备战岂不是为谋反作准备？于是司马炎集合了自己的军队前去征讨，一心为国，却遭到君主怀疑的石苞遇到这样的情景当然应当愤怒。但理智战胜了愤怒，他还是平复了自己的心，然后放下武器，独自出城，没有任何反抗，也没有任何反驳。

司马炎并不是一个昏君，他在得知此事后，进行了一番思考，原本石苞谋反就只是一个传言，但如果他真的要谋反又怎会不战而降呢？而且，直到最后吴国的援军也没有赶到。如此思考过后，司马炎终于解除了对石苞的误解。

其实，石苞当时手握重兵，一旦愤怒了，是完全有能力将误解变成现实的，但是他没有这样做。因为他及时平息了心中的愤怒，所以才能进行理智的思考，最终找到证实自己清白的办法。

愤怒，足以燃烧一切，愤怒是一把自我毁灭的大火。只有看清了形势，才能找到解决的方法，要想做到不怒不乱，就要平复心中的怒火，心宽一点，便能平和一点，便能抑制住自己心中的愤怒，让头脑一直保持清醒。

4. 听鸟语，闻花香，感悟幸福

人生在世不过几十年，与其每天忧心忡忡地挨日子，不如潇洒开心地享受生活。愤怒只是一时的情绪而已，对于问题的解决并没有实际意义，还会让我们心中产生痛苦。有时因为我们放任自己的情绪发展，所以才让消极情绪有机可乘，让我们越来越恐惧未来，越来越感到绝望。与其在痛苦中打转，不如从源头消灭这种不良情绪，让自己过得快乐起来。

在人生的旅程当中，难免会遇到困境，面对困境的时候，我们需要的是内心的强大。仅仅靠抱怨、愤怒并不能让困境有所改变，而态度却可以，潇洒，正是这样的一种态度。在遇到让自己感到愤怒的事情的时候，我们可以选择不生气，这样，令人愤怒的事情也就没有了存在的基础，那么再没有什么能够阻碍我们内心的幸福。

有时麻烦是自找的，因为不能保持比较平和的心态，所以遇到事情容易生气。如何看待一件事全在我们自已，遇到不公平也能不生气，自然能够潇洒度日。如果锱铢必较，遇到什么事情都生气的话，那么注定要在痛苦中过活。

从前有一位父亲，他有两个儿子，他为孩子们提供了良好的生活条件，然而，他的大儿子却感受不到幸福。大儿子总是愁眉不展，而且容易动怒。而他的小儿子，则非常乐观，好像什么问题都不会让他感到困扰，小儿子每天都过得非常潇洒，非常快乐。这位父亲为了大儿子能够快乐起来想尽了办法，平时对大儿子的关心也比小儿子多，但小儿子并没有表现出不满。

有一年，在圣诞节即将到来的时候，父亲为大儿子选取了很多礼物，相对于大儿子，小儿子的礼物只有一件。到了平安夜的晚上，父亲将这些礼物都放到了圣诞树下，等待着孩子们发现。

圣诞节一大早，两个孩子就来到圣诞树下寻找自己的礼物。大儿子的礼物非常多，但是他打开之后就开始生气，父亲问他怎么了，他说："这些礼物实在是太过分了，圣诞老人竟然送给我一支枪，天知道我有多么热爱和平，还有篮球、自行车，这些礼物都太不安全了，如果我出去玩的话，骑自行车就有可能会发生交通事故，而篮球也很可能让我受伤，或者一段时间后将篮球玩坏。我看圣诞老人一定是故意这样做的。"

父亲不知道应该说些什么，恰逢这个时候小儿子蹦蹦跳跳地跑了进来，他看上去非常开心的样子。父亲就问他："你收到了什

暖心小语

在我们不受愤怒控制的同时，幸福生活就已经到来了。

么这么开心呢?"

小儿子说:"礼品盒里有一坨马粪。"

父亲又问:"这样被戏弄你不生气吗?"

没想到小儿子又说:"既然有马粪,那么一定有一匹小马!"后来他真的在屋子的后面找到了他的小马,整个圣诞节他过得非常开心,而大儿子则一直在气愤当中度过了美好的圣诞节。

生活中是否能够感觉到快乐,全在自己看待生活的态度。看问题的角度有很多,我们应该尽量选择一种让我们乐于接受的解释,而不是让我们生气的答案,就像故事中的小儿子,他选择了让自己能够快乐的角度看问题,所以在收到马粪的时候也没有生气,而是由此想到小马,这样他才能开心地过每一天,如若不然,就只能像大儿子一样,将自己束缚在烦恼和不幸当中。

我们应该学会主宰自己的情绪,心态放平和一些,不要因为一些小事就生气、恼怒。愤怒是种罪,所以我们要学会自我救赎,将自己从这种不良情绪中解救出来,否则只能被它缠身,无法逃脱。当我们能够舍弃掉愤怒的时候,就会发现自己活出了一份潇洒。

5. 修剪心灵的杂草

房间没有定时清扫容易变得肮脏凌乱，草坪不去打理很容易杂草丛生，失去本来的面目，心，也是如此。在整理房间的时候，我们需要将无用的旧物整理扔掉，才能保证房间的整洁，草坪也要及时修剪才不至于荒芜。我们在整理心灵的时候，要及时修剪那些疯长的杂草，抛弃无用的东西，这样才能让我们有一颗纯净而美好的心灵。

愤怒，便是我们心需要修剪的杂草。在现实生活当中，我们难免会遇到让人愤怒的事情，如果放任这种情绪在我们心中发展，那么最终愤怒会变成仇恨，寄存在我们心中，成为我们心灵的一部分，使我们原本纯净的心灵遭受污染。

有一个非常美丽的女孩，不仅外表美丽，她还有一颗美好的心灵。这个女孩因为温柔善良和平易近人，受到了很多小伙子的青睐。其中，有一名优秀的男孩终于勇敢地表白了，被打动的女孩接受了他的示爱，两个人很快走到了一起。

开始的爱情甜蜜而幸福，但是随着时间的流逝，两个人的感情出现了问题。通过交往，男孩发现了问题，女孩外表看似柔弱，内心却很刚强，遇到问题也总是想办法自己背负。男孩希望能够保护自己心爱的人，他认为女孩子应该是小鸟依人的。找到了问题所在的男孩发现，也许他们两个人并不合适。

终于有一天，男孩提出了分手。女孩很坚强，没有哭，但这并不代表她可以接受，她非常喜欢男孩，甚至有些疯狂，对于男孩提出的分手她无论怎样都不肯点头答应。为了挽回爱情，她不管男孩怎么想，一直缠着他，无果就指责男孩的不负责任。对于这样的女孩，男孩产生了厌恶。有一天，女孩发现了男孩和另一个女孩走在了一起，此时的她才明白两个人已经没有可能了。

女孩心中升起了难以熄灭的怒火，在这种情绪发展的过程中，愤怒转为了仇恨。她开始想一切能够报复男孩的方法，最终决定以死报复，这样就能让男孩终身都活在悔恨当中。此时的她早已经不是当初那个温柔善良的女孩了。

决心自杀的女孩来到了桥头，跳江的她被一个好心的船夫救上了岸，船夫问她为什么要轻生，她说："我男友背叛了我，他曾经说爱我，现在却和其他的女人走在一起。没有了他，我的生活再没有任何的希望，我死了，他就会愧疚，永远对我感到愧疚！"

船夫笑了，说："你还爱他吗?"

女孩答道："我很爱他，但他还是背叛了我。"

船夫又说："既然你爱他，为什么要报复他? 孩子，你已经被愤怒蒙蔽了双眼，看不到原来的自己了啊。"听了船夫的话，女孩沉默了。

暖心小语

定期修剪心中愤怒的杂草，避免被杂草污染了纯洁的心灵。

原本善良温柔的女孩，由于放任自己的不良情绪发展，最终变得面目全非。我们有时难免会有一时的愤怒，这是正常的，但是如果我们一直放任它发展，不去整理的话，最终我们的心灵就会被杂草一样疯长的不良情绪所吞没，失去原来的自我。

星星之火尚可燎原，即使是一点负面情绪，如果不能及时整理，那么我们的心也只能变成荒芜之地。虽然有时我们会遇到让我们难以克制愤怒的事情，但是在事情发生过后我们可以看开一些，试着去接受，否则只能将自己困在杂草丛生的荒芜中，忍受着内心的折磨。

在美国有一条跨越20年的新闻。

20年前，建筑界的龙头凯迪和飞机大王克拉奇是非常要好的朋友，凯迪有一个女儿，克拉奇有一个儿子。两个孩子年纪相当，所以他们两人决定促成子女的婚事，让他们的关系亲上加亲。

虽然凯迪和克拉奇的愿望非常美好，但事实却并不合他们的心意，他们的孩子并没能像他们两人一样关系和谐，相反地，还经常争吵，时常出现不和。凯迪和克拉奇虽然尽力撮合，但也没能缓和两个孩子的关系。

终于有一天，悲剧发生了，凯迪的女儿被人毒死了，经过警方的调查，证实了凶手就是克拉奇的儿子。瞬间，凯迪处在了崩溃的边缘，两家的友好关系也到此为止了。

虽然克拉奇感到愧疚，但还是尽全力希望保释儿子，而他的儿子也坚决否认杀人的事实。本就处在崩溃边缘的凯迪因为这样的情况而愤怒了，他用尽一切手段来证明克拉奇的儿子有罪，克拉奇则尽全力想要减轻儿子的罪行，然而最终克拉奇的儿子仍然被判了终身监禁。

为了给自己的儿子减刑，克拉奇努力争取凯迪的原谅，以便能够为儿子求情，他总是通过生意给凯迪便利。陷在愤怒和仇恨中的凯迪并不好过，他感受着老友的痛苦，却也放不下心中的仇恨，就这样，他度过了漫长的20年。

凯迪和克拉奇虽然身为美国上流社会的风云人物，但是自从事情发生后笑容就从他们脸上消失了。20年过去了，经过翻案和调查，发现凯迪女儿的死和克拉奇的儿子毫无关系。命运开了一个巨大的玩笑，在知道事实真相之后，面对媒体，凯迪说出了自己的心里话，他说："我永远无法弥补这20年里所受的心灵上的折磨。"

凯迪因为放任自己的愤怒发展，积淀自己的仇恨，而让自己的内心遭受了20年的折磨。其实，很多事情都会随着时间而变淡，愤怒和仇恨也是一样，如果自己不能将心中的愤怒放到时间的流水中，那么随着时间的推移，愤怒只能堆砌成仇恨。仇恨是一把双刃剑，在伤害别人的同时也会让自己遭受折磨。与其这样，不如早些放下。

宽容一些，平和一点，学会试着接受一些事实，及时整理心中的杂草，才能避免我们的心向着不可挽回的方向发展。及时清扫心里的各个角落，才能让我们远离自我折磨，过上恬淡而幸福的生活。

6. 停止抱怨，感悟天蓝云淡

我们的心灵是一片广阔的地域，能够容纳很多，然而，有时我们却为我们的心灵上了一把锁，将幸福困在门里，将自己困在门外，每天和各种痛苦、不幸打交道。抱怨就是束缚了我们心灵的那把锁，只要解开了这道枷锁，我们就解脱了。

解开抱怨枷锁的钥匙，其实就在我们手中，只是我们总是考虑绕远路通过，而没有想到要打开枷锁。在现实生活当中，一些琐事成为了我们抱怨的素材，总是在意这些，只能让我们看不到幸福，甚至忘记了曾经的美好。

有一对相爱的年轻人，他们的爱情遭到家人的反对。女人的父母担心男人给不了女儿优越的物质生活，怕孩子受苦；而男人家则嫌弃女人十指不沾阳春水，担心自己的儿子在婚后会更加辛苦，所以两家坚决反对。但是两颗年轻的心却日益靠拢，最终他们仍然凭借忠贞的爱情而走到了一起。

他们非常珍惜他们得来不易的爱情。刚开始的日子虽然很艰难，但是他们过得非常甜蜜。虽然工作辛苦，但是女人和男人仍然感觉到幸福，女人为了心爱的男人开始学习做家务，他们觉得生活非常幸福。男人努力工作赚钱养家，女人操持家事，随着时间的推移，他们的物质生活越来越好，但是他们的婚姻却在这个时候出现了危机。

因为工作原因，男人时常回家很晚，女人对此的不满越来越深，于是开始抱怨。在外面工作本来压力很大，回家后还要听妻子的抱怨，男人感到非常疲惫。见自己的抱怨收不到应有的回应，女人开始指责男人，拿朋友的老公来和男人比较，又拿养尊处优的朋友和自己比较。面对这样的妻子男人越来越不满，于是回家的时间越来越晚，女人的抱怨也越来越严重，两个人当初的幸福早已不见了踪影。

女人因为喜欢抱怨，所以来不及享受曾经奋斗出来的幸福，就已经进入了不幸之中。生活当中我们难免会因为学习、工作而产生各种不满，但是抱怨除了让自己感到更加烦闷之外，对自己的境遇改变并没有任何帮助，还可能让情况越来越糟。没有人会抱怨自己的未来，人们所抱怨的只是眼下和过去，既然不能对自己的明天产生任何影响，那就应该释然一些，这样才能把握住幸福。

看到的是快乐，生活中便充满快乐；看到的只有不幸，生活就会变得不幸，一直着眼于自己的不幸，那么生活自然难以顺利继续。抱怨是一种习惯，习惯于抱怨就只能将自己束缚在不幸当中，换个角度看世界，多注意生活当中的美好，自然就能挣脱抱怨的枷锁，过得轻松自在一些。

暖心小语

换个角度看世界，多注意生活当中的美好，就会过得轻松自在。

从前有一个天资聪颖的年轻人，他实力超群，有着远大的理想抱负。他在上学的时候，就为自己做了人生的规划，等着进入社会大展宏图。

终于等到毕业实现自己远大理想抱负的时

候了，但是现实并没有他想象中那么美好，进展的过程并不顺利。没有一个公司能让他驻足很久，他反复地换工作环境，无论是什么样的环境，都不能让他停留三个月。他虽然工作能力很强，但是却很难适应环境，在人际交往方面尤其明显，无论是在哪里，他都会抱怨同事，抱怨老板，心情影响到了他的工作状态，喜欢的工作也不再有乐趣而言，甚至连完成都很勉强。在这样的情况下，他感到自己的未来非常渺茫，对未来也感到绝望。

终于，年轻人不能忍受身边的一切，抱怨着离开了公司，选择出去散心，在路上，他还是抱怨着公司的一切，无暇欣赏风景。车上人很多，没有座位，等了几站后，他终于发现一个座位，正当他想上前的时候，边上的一个人抢先了一步。他非常气愤，开始习惯性地抱怨。

这时，年轻人身边的一位老者对他说："小伙子，你看，今天的天真蓝。"他看向窗外，发现天空非常漂亮，万里无云。他忘记了抱怨，忘记了愤怒，这个时候他才明白，因为抱怨，自己放走了身边的幸福。

有时候，我们会对周遭的一切感到不适应，就像故事中的年轻人一样。然而，抱怨并不能让我们尽快适应一切，反而会让我们越来越焦躁，没有一颗平常心就难以感知生活当中出现的幸福。其实，生活当中的美好有很多，关键在于我们习惯发现美，还是习惯于抱怨缺憾。试着感受生活当中的美好，让自己尽早挣脱抱怨的枷锁。

生活当中我们需要保持平常心，面对让我们不满的事情学会淡然以对，放开抱怨，找到生活当中快乐的源头，才能解开抱怨的枷锁，将我们从不幸当中解脱出来。

7. 月有圆缺，人有离合，何必计较

因为我们有时过于在意得失，所以产生了抱怨，因为我们以自己为中心考虑问题，所以能够让我们抱怨的话题总是源源不断。这也就是说，我们的私欲和偏情，衍生出了抱怨。事实上，没有人喜欢爱抱怨的人，可是有的时候我们又不自知地抱怨。想要消除抱怨，就要找到抱怨的源头，知道了原因，事情就变得简单多了。只要舍弃掉自己的私欲偏情，抱怨自然就会消失。

有的时候，如果能够试着从别人的角度来考虑问题，就能够有效抑制住自己的抱怨，冷静下来的自己就有可能找到解决问题的良方。

有一次，卡耐基为了一个系列讲座，租用了一家酒店的宴会厅，他准备在这里展开他的课程。

正当一切进行得如火如荼时，问题出现了。酒店的经理给卡耐基发了一个要将租金涨到原来价钱三倍的通知。当时在这个酒店办讲座的入场券已经印好并且发出，没有足够的时间来改变地点。在这个时候收到这样的信息，简直让人抓狂。即便经理见财起意非常不道德，但是卡耐基更清楚抱怨不能起到任何的作用，而且饭店的普通员工也没有权利改变经理的决定。考虑过后，他决定找到酒店经理重新商讨一下。

这天，卡耐基找到了酒店经理。首先他对经理为酒店创收的这种做法表示理解，然后他拿出了一张纸。经理见卡耐基通情达理，没有责怪的意思，

非常高兴，他刚准备开口说一些感谢的话的时候，卡耐基开口了，他对经理说："现在请允许我为你算一笔账。"之后他在纸上画上了一条中线，然后在一边写上了"利"，一边写上了"弊"。

在经理疑惑的目光中卡耐基说："如果宴会厅用作舞会你能够收获更多，因为讲座的收入比较少。如果我占用半个月以上的时间开讲座，那么你的收入会比开舞会少很多。从这点来看，增加三倍租金是明智的选择。"说完，他将这点写在了"利"字的下面。接着他又说："现在可以考虑，假如为了保证您的收入不变而坚持增加三倍租金的话，那么您的收入将大大降低，因为我无法负担这么昂贵的租金，所以只能另寻其他地方。"

说着，卡耐基将这点写在了"弊"的下面。写完了这一切之后他说："虽然收入不能瞬间增长，但是我的讲座也会吸引到很多潜在的客源，这比广告宣传要有用得多，从长远来考虑的话这样利益最大不是吗？"酒店经理考虑了一会儿，然后将租金降了下来。

现实生活当中，难免遇到像故事中那样的变故，即使错不在自己，但是抱怨也不能解决问题，因为在抱怨的过程中，我们是站在自己的立场考虑问题的。自说自话无法协商问题，想要问题得以解决，就要站在同一个起点，这也就是说，要先抛开私欲偏情，才能客观地看待问题，进而找到解决的方法。

我们有时因为在意自己的得失而难以抛却私欲偏情，但是，得失都只是暂时的，如果为了芝麻而丢了西瓜，就会发现自己在意的东西多么不值得。不要因为自己的利益受到了一点点损害就不停地抱怨，先想想自己是否做得足够好，考虑自己的同时也不要忘了站在对方的立场考虑，这样，才能理解别人，才能消除抱怨。

有一名工作经验丰富的年轻人准备到非常有名的一家公司去应聘。那家公司的待遇很好，工作环境好，发展潜力也很大。为了这些，他毫不犹豫地辞去了先前的工作。先前的公司工资并不高，至少不是他理想的水平，中午的工作餐也让他觉得难以下咽。有时甚至需要加班才能完成工作，明明自己一身的才华，却一直没有升职，他觉得自己的上司忌妒自己的才华。因为这些，所以他对曾经工作过的公司没有任何留恋。

因为年轻人的高学历、丰富的实践经验以及超群的工作能力，所以他对新公司的面试很自信。笔试结束后面试官和他谈了话，在面试官问他为什么辞去先前的工作时，他就像找到了知音一般，将自己的苦水全部倒了出来。

面试官问年轻人："那么请问您觉得您给您上一个公司带去的价值是多少呢？"虽然是一个简单的问题，但是他却被问住了。因为他平时除了埋头工作之外，就只是抱怨自己的工作和生活，对于自己的工作成绩他并不清楚。

最后的面试结果让年轻人失望了，因为他没能成为佼佼者脱颖而出。

面试官对年轻人说："您的专业水平确实很高，但是面试时发现您比较喜欢抱怨，抱怨着公司给您的一切都不是您要的，对比过后，我们发现其实我们两家公司的体制很相似，所以我想您即使换了环境也会有相同的想法。而且最重要的一点是，我们希望能够找到一个能够为我们公司创造利益的人，而不仅仅是考虑我们公司能够给他些什么待遇的人。"

我们时常像故事中的年轻人一样，因为抱怨别人对自己的不公，而忽略了自己正在走的路，忘记了自己是否偏离了方向。由私欲衍生出来的抱怨蒙蔽了我们的眼睛，我们只会跟着抱怨走，忘记了自己真正的方向和进度。不要总是抱怨他人带给我们的不公，偶尔客观地看看自己还有什么不足，就能够放下不必要的抱怨。

消除抱怨，只需抛弃一时的私欲偏情，不要总是去计较得失。因为我们心胸狭隘，才会只看到自己，对得失看得过重，所以，将眼光放得长远一些，心胸宽广一些，自然能够摆脱让我们烦恼的抱怨。

8. 听，是幸福在敲门

常言道："生活百味。"生活中除了让我们感到幸福的事，也有让我们感到不幸的事。我们无法选择性地接受，顺境也好，逆境也罢，我们都会经历到。生活并不会因为我们对困境的惧怕而给我们任何特权。顺境我们乐于接受，但是逆境我们也要学会悦纳，因为没有品尝过苦的人，不能深刻地理解甜。只有经历过困境，才能享受生活的幸福，阴雨过后，才会是晴天。

世间人人苦，上天是公平的，因为有苦，才会有甜。没有人能够一帆风顺地生活，没有任何顺恼。面对困境，我们可以淡然以对，没有不会晴的天，一直抱怨只能让自己时时痛苦，看淡一些，困境对我们的折磨也就小一些。

我们因为总是抱怨困难给我们带来的一切，所以一直不能忘记自己的不快，也就觉得困境非常难换，就像有些人一样，他们只活在自己的抱怨当中，而当他们学会悦纳一切的时候，他们已经自然地走出了困境。我们在生活中也是如此，不要总是抱怨眼前的一切，学会开心接受，畅想一下未来，困难很快便会过去。

如果我们能够平静地接受生活给我们的磨难，不去抱怨的时候，我们的心就已经挣脱了不幸的束缚，此时的我们其实就已经开始享受幸福了。我们只有坦然喝下苦涩的茶，才能享受甘甜的后味。

从前有一位优雅而美丽的妇人，她丈夫去世之后，她便带着大半生的积蓄离开了那个伤心之地。到了一个美丽的小镇，她停了下来，决定在那里开一间美容院开始新的生活，度过余生。没想到意外发生了，在她刚下火车的时候，小偷偷走了她的钱。在发现钱丢了之后，她慌了手脚，不知道应该怎么做了。

这个事实对妇人的打击实在是太大了！但是她很快就平静了下来，没有抱怨一句。她想，我只不过丢了钱，除了钱我还有很多，我还有朋友，抱怨也不能找回丢掉的钱，还会让自己成为一个怨妇。在这样想过之后，她坦然接受了这个事实，然后第一时间联系了家人，没多久她又在这个城市联系到了曾经的朋友。

经过一段时间的奔波，妇人借到了钱，虽然不足以开美容院，但是足够摆起一个小小的摊位。她开始在街边支起了摊子，卖一些经济实惠的化妆品。她非常努力，无论生活如何艰难，她都笑脸迎人，没有一句抱怨。

经过了几年的积累，妇人终于有了自己的美容院。因为她总是笑脸迎人，从不抱怨，所以即使她并不年轻，但是依然优雅美丽，她成为了自己美容院的广告，生意也越来越好。后来她又开了第二家店……最终，她在那个城市成为了名人，有了自己品牌的连锁店。

困境只能捆绑住我们的心，不能捆绑住我们的手脚，即使生活有时不尽如人意，我们也能想到办法。遇到问题的时候，我们要想解决的办法，而不是抱怨；先解放我们的心，才能解放我们的生活。生活给予我们的一切，我们要学会接受。保持平常心，不被困境所束缚，就能够活出自己的幸福。

苦尽才能甘来，我们要秉承这个信念克服困难，而不是抱怨着挨日子，学习故事中的妇人，在困境面前潇洒一些，用自己宽广的胸怀接受生活中的不圆满，用平和的心去感受生活，那么就一定能够听到幸福的敲门声。

9. 将心中的沙粒磨砺成珍珠

鞋子进了沙粒，就要及时清除，否则会磨伤自己的双脚，成为我们长途跋涉的阻碍。我们心中有时也会有沙粒的存在，心中的沙粒是心灵健康的隐患，所以要及时清除掉。

因为心中有浮尘存在，所以我们会感到忧虑，只要将浮尘剔除出心灵，我们便能走得坦荡一些，如若不然，只能让我们的心饱受一颗渺小沙粒的摧残。

有一个为人们熟知的勇者登山的故事。这位勇者是人们眼中的英雄，他所向披靡，无所不能，只有站在制高点的他才能俯视众生，也只有他能站在制高点，登上最高峰。

有一次，勇者决定挑战一个极限，去攀爬一座从来没有人登上过的高山。他的这个决定得到了人们的支持，同时也获得了人们的期待。终于，他整理好行装开始攀爬高山，一路上，他遇到了很多艰难险阻，但是他仍然坚持排除万难，勇攀高峰。随着离顶峰的距离越来越近，人们的欢呼声也越来越高，在世人看来，成功已经向勇者伸出了手。

然而结果却让人们意外，勇者没有将自己的手递给成功女神，他中途被迫放弃了。原因也让人们感到不可思议，他放弃了最后的成功仅仅只是因为鞋子中的一颗沙粒。因为他忽略了鞋子中的沙粒，所以导致长时间被沙粒摩擦的脚发炎，受伤的脚无法支持他到达终点，只能选择放弃。

一路上不管如何艰难，勇者都坚持了下来，而最终的成功却仅仅因为一颗渺小的沙粒而和自己擦肩而过。故事到这里貌似结束了，但事实上，还有着后续的部分。

几年之后，勇者准备再次挑战，这一次，他异常小心，因为他过度地小心，使得他产生了忧虑，他担心各种客观条件会影响到自己的行程，让自己再次失败。因为上一次的教训，这次他异常小心沙粒，几乎每走一段距离就要停下来脱下鞋子倒一倒，即使鞋中没有沙子，他穿起来仍然感觉脚下不舒服。

暖心小语

试着淡忘曾经的失败，自然就能够让心中的浮尘随风消逝。

勇者一路上都在担心着沙子会再次跑进鞋子里，影响到自己的成绩。长时间忍受这种心理折磨的结果就是他不得不主动放弃。这次勇者的失败没有了任何客观原因，而是忧虑让他处在了崩溃的边缘，最终只能选择放弃。

因为忧虑，勇者最终没能完成最高峰的登顶。我们有时也会因为过度忧虑而放弃一些本应坚持的事，如此看来，忧虑是我们前进路上最大的敌人。心有忧虑，就难以放开自己的手脚，唯有剔除，才能勇敢向前。

现实生活中，我们心中的浮尘都是曾经的阴影，因为曾经的失败而难以忘却，当再次面临相同的境遇时，心中遗留的沙粒就会作祟，让我们想到曾经的失败，从而畏惧前行。不要太在意心中的沙粒，让自己时刻处于忧虑之中，试着淡忘曾经的失败，自然就能够让心中的浮尘随风消逝。

有一个年轻人，他患上了强迫症，时常感觉到苦闷，却找不到解决方法。在吃完饭洗碗的时候，他总是觉得碗不够干净，怕碗边残留洗洁精，因为新闻上说残留的化学物质会危害身体健康，所以他总是重复好几遍，洗了又洗。

每天晚上睡觉的时候，他都会起床好几遍，检查门窗是否上了锁，因为他担心会有人入室抢劫，如果没有锁门，那么他的生命和财产就会受到威胁。

每天出门，他都要检查好几遍是否带了家里的钥匙，因为如果忘记带钥匙就进不了家门，就要找开锁公司。到了公司，他又要检查好几遍工作，因为担心会出一点问题。在他认识的人的眼中，他已经有点神经质了，他异常忧虑，晚上时常失眠，因为会想到工作，想到门窗……

他感到自己快要崩溃了，他异常痛苦，却不知道应该怎么治疗。最后他在朋友的介绍之下找了心理医生进行心理治疗。心理医生通过对他催眠治好了他的强迫症。

原来，他的忧虑并非是空穴来风，他在五岁的时候，曾经因为没有听家人的话，不讲卫生乱吃东西而得了胃炎，那种疼痛让他记忆深刻。他在十岁的时候，因为出门没有带钥匙而在家门口坐到半夜，才等到家长回来。12岁那一年，他自己在家，忘记了锁门，于是遭遇了入室抢劫……这些过往都成为沙粒留在了他的心里。医生通过开导，他渐渐放下了这些过往，开始了新的人生。

有的时候，我们以为遗忘的事情和挫折会成为情绪的一部分而沉淀下来，忧虑也就是这些情绪的升华。人难免会有粗心马虎的时候，这会给我们带来严重的后果，它除了让我们接受教训以外，还会让我们的心灵蒙受阴影。

那些曾经的阴影会实体化，成为心中的一粒沙，随着时间的流逝，心中的沙会堆积，人们的忧虑也就会越来越重。之所以心头会有浮尘存在，是因为人们对发生过的不快存有印象，然而刻意去记，也只是会让自己的心灵遭受伤害，所以对于人们来说，心里的沙是一定要消除的存在。

人们有时难免失策，在这种时候，只要总结经验就够了，无须将这粒浮尘珍藏一生。将心做成一个滤网，将那些不起眼的细沙滤掉，才能维护心灵的健康，平和地向前行进。